格致方法·定量研究系列

# 合并时间序列分析

[美]洛伊斯·塞耶斯(Lois W.Sayrs) 著
温方琪 译　范新光 校

SAGE Publications, Inc.

格致出版社　上海人民出版社

# 出版说明

由香港科技大学社会科学部吴晓刚教授主编的“格致方法·定量研究系列”丛书，精选了世界著名的SAGE出版社定量社会科学研究丛书，翻译成中文，起初集结成八册，于2011年出版。这套丛书自出版以来，受到广大读者特别是年轻一代社会科学工作者的热烈欢迎。为了给广大读者提供更多的方便和选择，该丛书经过修订和校正，于2012年以单行本的形式再次出版发行，共37本。我们衷心感谢广大读者的支持和建议。

随着与SAGE出版社合作的进一步深化，我们又从丛书中精选了三十多个品种，译成中文，以飨读者。丛书新增品种涵盖了更多的定量研究方法。我们希望本丛书单行本的继续出版能为推动国内社会科学定量研究的教学和研究作出一点贡献。

# 总 序

2003 年，我赴港工作，在香港科技大学社会科学部教授研究生的两门核心定量方法课程。香港科技大学社会科学部自创建以来，非常重视社会科学研究方法论的训练。我开设的第一门课“社会科学里的统计学”（Statistics for Social Science）为所有研究型硕士生和博士生的必修课，而第二门课“社会科学中的定量分析”为博士生的必修课（事实上，大部分硕士生在修完第一门课后都会继续选修第二门课）。我在讲授这两门课的时候，根据社会科学研究生的数理基础比较薄弱的特点，尽量避免复杂的数学公式推导，而用具体的例子，结合语言和图形，帮助学生理解统计的基本概念和模型。课程的重点放在如何应用定量分析模型研究社会实际问题上，即社会研究者主要为定量统计方法的“消费者”而非“生产者”。作为“消费者”，学完这些课程后，我们一方面能够读懂、欣赏和评价别人在同行评议的刊物上发表的定量研究的文章；另一方面，也能在自己的研究中运用这些成熟的方法论技术。

上述两门课的内容，尽管在线性回归模型的内容上有少量重复，但各有侧重。“社会科学里的统计学”从介绍最基本的社会研究方法论和统计学原理开始，到多元线性回归模型结束，内容涵盖了描述性统计的基本方法、统计推论的原理、假设检验、列联表分析、方差和协方差分析、简单线性回归模型、多元线性回归模型，以及线性回归模型的假设和模型诊断。“社会科学中的定量分析”则介绍在经典线性回归模型的假设不成立的情况下的一些模型和方法，将重点放在因变量为定类数据的分析模型上，包括两分类的 logistic 回归模型、多分类 logistic 回归模型、定序 logistic 回归模型、条件 logistic 回归模型、多维列联表的对数线性和对数乘积模型、有关删节数据的模型、纵贯数据的分析模型，包括追踪研究和事件史的分析方法。这些模型在社会科学研究中有着更加广泛的应用。

修读过这些课程的香港科技大学的研究生，一直鼓励和支持我将两门课的讲稿结集出版，并帮助我将原来的英文课程讲稿译成了中文。但是，由于种种原因，这两本书拖了多年还没有完成。世界著名的出版社 SAGE 的“定量社会科学研究”丛书闻名遐迩，每本书都写得通俗易懂，与我的教学理念是相通的。当格致出版社向我提出从这套丛书中精选一批翻译，以飨中文读者时，我非常支持这个想法，因为这从某种程度上弥补了我的教科书未能出版的遗憾。

翻译是一件吃力不讨好的事。不但要有对中英文两种语言的精准把握能力，还要有对实质内容有较深的理解能力，而这套丛书涵盖的又恰恰是社会科学中技术性非常强的内容，只有语言能力是远远不能胜任的。在短短的一年时间里，我们组织了来自中国内地及香港、台湾地区的二十几位研究生参与了这项工程，他们当时大部分是香港科技大学的硕士和博士研究生，受过严格的社会科学统计方法的训练，也有来自美国等地对定量研究感兴趣的博士研究生。他们是香港科技大学社会科学部博士研究生蒋勤、李骏、盛智明、叶华、张卓妮、郑冰岛，硕士研究生贺光烨、李兰、林毓玲、肖东亮、辛济云、於嘉、余珊珊，应用社会经济研究中心研究员李俊秀；香港大学教育学院博士研究生洪岩璧；北京大学社会学系博士研究生李丁、赵亮员；中国人民大学人口学系讲师巫锡炜；中国台湾"中央"研究院社会学所助理研究员林宗弘；南京师范大学心理学系副教授陈陈；美国北卡罗来纳大学教堂山分校社会学系博士候选人姜念涛；美国加州大学洛杉矶分校社会学系博士研究生宋曦；哈佛大学社会学系博士研究生郭茂灿和周韵。

参与这项工作的许多译者目前都已经毕业，大多成为中国内地以及香港、台湾等地区高校和研究机构定量社会科学方法教学和研究的骨干。不少译者反映，翻译工作本身也是他们学习相关定量方法的有效途径。鉴于此，当格致出版社和 SAGE 出版社决定在"格致方法·定量研究系列"丛书中推出另外一批新品种时，香港科技大学社会科学部的研究生仍然是主要力量。特别值得一提的是，香港科技大学应用社会经济研究中心与上海大学社会学院自 2012 年夏季开始，在上海（夏季）和广州南沙（冬季）联合举办《应用社会科学研究方法研修班》，至今已经成功举办三届。研修课程设计体现"化整为零、循序渐进、中文教学、学以致用"的方针，吸引了一大批有志于从事定量社会科学研究的博士生和青年学者。他们中的不少人也参与了翻译和校对的工作。他们在繁忙的学习和研究之余，历经近两年的时间，完成了三十多本新书的翻译任务，使得“格致方法·定量研究系列”丛书更加丰富和完善。他们是：东南大学社会学系副教授洪岩璧，香港科技大学社会科学部博士研究生贺光烨、李忠路、王佳、王彦蓉、许多多，硕士研究生范新光、缪佳、武玲蔚、臧晓露、曾东林，原硕士研究生李兰，密歇根大学社会学系博士研究生王骁，纽约大学社会学系博士研究生温芳琪，牛津大学社会学系研究生周穆之，上海大学社会学院博士研究生陈伟等。

陈伟、范新光、贺光烨、洪岩璧、李忠路、缪佳、王佳、武玲蔚、许多多、曾东林、周穆之，以及香港科技大学社会科学部硕士研究生陈佳莹，上海大学社会学院硕士研究生梁海祥还协助主编做了大量的审校工作。格致出版社编辑高璇不遗余力地推动本丛书的继续出版，并且在这个过程中表现出极大的耐心和高度的专业精神。对他们付出的劳动，我在此致以诚挚的谢意。当然，每本书因本身内容和译者的行文风格有所差异，校对未免挂一漏万，术语的标准译法方面还有很大的改进空间。我们欢迎广大读者提出建设性的批评和建议，以便再版时修订。

我们希望本丛书的持续出版，能为进一步提升国内社会科学定量教学和研究水平作出一点贡献。

吴晓刚

于香港九龙清水湾

# 目 录


序 1

第 1 章　导言 1

第 2 章　合并时间序列模型的理论推导 5

第 1 节　在应用中的合并 6

第 2 节　合并线性回归模型 9

第 3 节　四种合并模型 16

第 4 节　初步诊断与残差分析 19

第 3 章　恒定系数模型 23

第 1 节　估计恒定系数模型 26

第 2 节　纠正自相关 28

第 3 节　异方差性 30

第 4 节　恒定系数模型的局限性 34

第 4 章　LSDV 模型 37

第 1 节　异方差性与单位效应 39

第 2 节　估计 LSDV 模型 43

第 5 章 随机系数模型 49

第 1 节 估计随机系数模型:GLS 方法 52

第 2 节 GLS 模型的一个 ARMA 变异 57

第 3 节 GLS 模型的一个看似不相关回归版本 60

第 4 节 Swamy 随机系数模型 63

第 5 节 Hsiao 随机系数模型 67

第 6 节 转换模型 71

第 7 节 ARCH 模型 75

第 8 节 随机系数模型的总结 79

第 6 章 结构方程模型 81

第 1 节 两步估计 83

第 2 节 最大似然估计 90

第 3 节 LOGIT 与 PROBIT 设定 92

第 4 节 最大似然法的总结 97

第 7 章 稳健性检验:这些估计值有多好? 99

第 1 节 稳健性估计函数 101

第 2 节 异方差性与稳健性 105

第 8 章 合并时间序列分析的总结 113

注释 116

参考文献 119

译名对照表 122

# 序*

什么是合并时间序列(pooled time series)? 正如字面上所表达的,时间序列(在一个分析单位下规律出现的具有时间性的观测值)由横截面数据(cross-sections)(在单独时间点上一个分析单位下的观测值)组成的一个数据集。这些分析单位可以是学校、健康组织、商业交易、城市、国家等。为什么需要进行"合并分析"呢? 其中一个原因在于,当下研究者可以获得越来越多的相关横截面数据与时间序列数据。另外一个原因在于,将时间序列数据与横截面数据合并可以显著地扩大样本量,这使之前显得棘手的分析问题变为可能。

举一个简单的例子。布鲁姆(Broom)教授希望使用一个包含20个美国城市的数据来解释财产犯罪率的变化情

---

* 本书最初由前任编辑理查德·尼米(Richard Niemi)与约翰·沙利文(John Sullivan)接收。

况。她提出下面的模型：

$$C = a + b_1U + b_2L + b_3R + e$$

其中 $C$=城市财产犯罪率，$U$=失业率，$R$=区域位置，所有的变量都包含15年中每一年的观测值。假设经典回归的假设都被满足，那么布鲁姆可对以上等式进行15次最小二乘(OLS)估计(每一年的横截面数据一次)。然后，她可以再运用20次OLS(每一个城市的时间序列一次)。或者，假设所有的参数($a$、$b_1$、$b_2$和$b_3$)都在时间与空间上恒定，她便可以简单地将所有观测值合并进而仅仅只计算一个回归。这个简洁的步骤可以将样本量 $N$ 增加至300，同时也可以在很大程度上提高估计的统计有效性。

这种对OLS的应用与塞耶斯(Sayrs)博士所命名的合并分析的恒定系数模型(constant coefficients model)是一致的。此处最大的困难在于恒定参数的假设难以被满足。假设较易满足的一个模型是最小二乘虚拟变量模型(least squares dummy variable model)[有时它也被称作协方差模型(covariance model)]。该模型允许截距随时间以及横截面变化。同样地，这里的虚拟变量不具备实质性意义，它们极大地减少了自由度以及与此对应的统计解释力。一个可能的替代是误差成分模型(error components model)[塞耶斯教授也将其称为随机系数模型(random coefficient model)]。这个模型明确地将横截面上的与时间序列上的误差都考虑了进去。然而，在滞后因变量（lagged dependent variable）在等式右侧或者是等式嵌套在一个更大的联立方程组（simultaneous-equation system）的情况下，不可以使用这里所需要的加权最小二乘类型的估计（weighted least squares type-estimation）。此外，当严重的时间序列相关存在时，误差假设往往被极大地削弱。为了超越误差成分模型的局限性，塞耶斯教授提出了一个结构方程模型（structural equation model）。她以对合并时间序列分析下的估计函数稳健性的评论总结全书。

迈克尔·S.刘易斯—贝克

# 第1章

# 导言

本书讨论使用同时包含横截面与时间序列的数据的回归分析。一个时间序列是一组数列，就一组变量 $X_t$ 与 $X_{t+1}$ 而言，观测值之间的距离是恒定且固定的（Ostrom，1978）。一个横截面则是一个分析单位在特定时间点上所存在的一组变量（$X_i \cdots X_n$）的全部观测值。当变量在一定时间跨度内在一定数量的不同横截面上被反复观测到时，我们可将这样产生的数据矩阵称为一个合并时间序列（pooled time series）。[1]

归纳合并时间序列矩阵的特征有许多种方法，但标准的方法是首先归纳横截面上的特征，然后再归纳时间序列上的特征。矩阵的形式被设定，这对于一个横截面内部随时间发生的变化较不同横截面之间产生的变化而言是次要的。

将横截面与时间序列用这样的方式组合在一起的主要好处是，可以捕捉到不同单位在空间上的变化以及同一单位随时间产生的变化。因此，我们可以对结果以及产生结果的过程进行描述、分析以及假设检验。当时间序列的长度被缩减且/或横截面的样本量较小时,合并数据是应用性研究中一个特别有用的方法。通常来说,单变量时间序列对于常规时间序列技术而言显得太短了。许多时间序列方法要求至少 30 个时间点,而其他的一些方法要求更多。[2]

本书的主要目的是向已具备有关线性模型、回归方法和单变量时间序列估计基本知识的读者介绍合并时间序列设计。[3]首先,我们会检验合并时间序列的回归模型,然后再检验各种不同的回归估计技术。本书会穿插对合并时间序列设计进行应用的不同例子,这些例子来自社会科学和行为科学。本书的叙述形式将结合对合并时间序列问题的理论展示与具体应用。为了方便阅读与课堂教学,所有的章节将用大写字母(A、B、C)来表明困难程度。

# 第2章

# 合并时间序列模型的理论推导[A]

# 第1节 | 在应用中的合并[A]

从20世纪50年代起，将横截面数据与时间序列数据合并使用就已经在应用性研究以及计量经济学理论当中流行起来。[4]正如其他许多社会科学与行为科学的研究设计一样，合并时间序列方法与其最初被应用时的具体研究问题密切相关。比如说，Balestra & Nerlove(1966)对天然气需求的研究采用了一个非常简单的协方差技术来纠正横截面之间的差异，即考虑到每一个横截面的独特之处，即虚拟变量。[5]这种方法最初被称作一种“固定的”方法，因为此处协方差在截距水平上被看做固定的而不是被假设如同一个随机变量那样发生变化。如果它被允许随机发生变化，那么协方差将成为回归模型总体误差的一部分，这样它便很难与模型当中所有其他对误差的影响区分开来。然而，有关“固定”与“随机”的术语使用却有很大的误导性，因为固定效应事实上可被看做是“固定”在样本中的随机效应。正如Mundlak(1978:70)所指出：

> 在无损一般性的情况下，我们可以从一开始就假设效应是随机的，并且将固定效应推论看做是一种**条件**推论，即在只讨论效应在样本中的条件下(粗体部分的强调为本书所加)。

然而，从样本中决定究竟是选择固定效应还是随机效应通常不是一目了然的。比如说，Stimson(1985)在对美国众议院的极化现象进行建模的时候将横截面(以州作为区域类别)之间的方差进行固定。而Markus(1986)讨论总统选举中选举人选择的论文却允许方差基于样本中的一系列工具变量发生变化。只要误差没有因为模型误设或与等式右侧的变量相关而被彻底污染，选择固定方差事实上是一种较为简单的方法。正如Judge等人(1985)提醒我们的那样，当决定选择固定效应还是随机效应不是十分清楚时，区分问题当中自变量与误差项之间相关性的特点会十分有帮助。

如果虚拟变量与解释变量有相关的可能，Judge等人(1985)便会推荐固定效应法，一种固定虚拟变量中误差的估计方法。这尤其适合样本量小的情况。[6]比如说，在研究犯罪行为中的累犯时，解释变量(比如社会经济地位、毒品使用以及犯罪类型)可能会与虚拟变量(比如监狱的位置)相关联。因此，如果误差(残差方差的分布)被假设为随机但事实上它与监狱位置相关的时候，我们所估计的地点对累犯的效应便会存在误差。没有控制的变量可在不同监狱人口之间进行标准化，这样 $X_i$ 和 $Y_i$ 便会继续保持同样的相关关系，但大小和/或方向却可能不同。但是，我们一定需要注意的是，在进行标准化之后，一个新问题出现了，因为此时实际效应变得不那么容易被直接地解读。正如我们在这里的例子所能看到的，对残差方差进行检验是一种在合并设计中考察任何误差污染来源的重要诊断方法。

自 Balestra & Nerlove(1966)所提出的模型之后，又有许多使用协方差技术的应用被开发出来(比如说，Hibbs，1976；Zuk & Thompson，1982)。这样或那样的合并模型出现在具体的研究背景之下，而基于这些不同的需要产生了不断增多的应用文献。与此同时，讨论模型在应用情境下应如何使用(Stimson，1985)或如何纠正所违背的假设(参看 Hoch，1962；Maddala，1971；Mundlak，1978；Nerlove，1971；Wallace & Hussain，1969)的理论文献也在不断增多。现有的几本被广泛使用的计量经济学教材都包括一个讨论合并的章节(比如说，Amemiya，1985；Judge et al.，1985；Kmenta，1971；Maddala，1977)。

# 第 2 节｜合并线性回归模型[A]

一个合并时间序列可被看作一种以横截面与时间进行堆叠的数据。表 2.1 展现了真实数据是如何被合并的。这些数据首先根据变量 ACTOR 进行堆叠，ACTOR 代表国际冲突的发起者；然后根据 TARGET 进行堆叠，TARGET 代表冲突行为的接受者；再根据 YEAR，YEAR 表示冲突行为发生的年份。这是堆叠合并时间序列数据的一种标准手段。比如说，我们也可以先根据 YEAR、再根据 ACTOR 和 TARGET 进行堆叠，但归根结底还是应该由研究问题来决定进行堆叠的次序。表 2.1 中，数据堆叠首先考虑到冲突行为发起者的独特性，然后是冲突行动受害者的独特性，再然后才是行动发生的年份。如果数据中也囊括了下面的信息则会对回答问题有所帮助：区域位置（西欧、非洲）的影响，是否处于冷战紧张时期（1958—1968），或者在国际冲突发起者层面上同时包括以上两者。然而，我们现在要讨论的研究问题也许要求另一种堆叠方法。在第 4 章，在检验最小二乘虚拟变量模型的时候，我们会介绍另一种堆叠方法并将其与常规堆叠方法做对比。但是，我们也应该记得，这样的数据堆叠是研究问题的一个直接函数。在这个例子中，ACTOR与TARGET提供了横截面水平上的差异，而YEAR则提供了伴随时间变化的差异。列在表2.1中其他的我们感兴趣的变量在视觉上为我们展示了这个独特数据库的变化情况。这些额外包括的变量有ADJUST（统治权威决策转移的次数）和NETCON（由ACTOR与TARGET产生国际冲突的数量减去国际合作的数量）。

**表2.1 合并时间序列的数据矩阵：以ACTOR（降序）、TARGET（降序）与YEAR（升序）进行分类**

| 个案 | *Actor* | *Target* | *Year* | *Adjust* | *Netcon* |
|---|---|---|---|---|---|
| 1 | 750 | 380 | 1950 | 3 | 0.0 |
| 2 | 750 | 380 | 1951 | 0 | 0.0 |
| 3 | 750 | 380 | 1952 | 2 | 0.0 |
| ⋮ | ⋮ | ⋮ | ⋮ | ⋮ | ⋮ |
| 26 | 750 | 380 | 1975 | 7 | 0.0 |
| 27 | 750 | 020 | 1950 | 3 | 0.0 |
| 28 | 750 | 020 | 1951 | 0 | −8.0 |
| 29 | 750 | 020 | 1952 | 2 | 0.0 |
| ⋮ | ⋮ | ⋮ | ⋮ | ⋮ | ⋮ |
| 52 | 750 | 020 | 1975 | 7 | 0.0 |
| 53 | 740 | 651 | 1950 | 3 | 0.0 |
| 54 | 740 | 651 | 1951 | 1 | 0.0 |
| 55 | 740 | 651 | 1952 | 4 | −10.0 |
| ⋮ | ⋮ | ⋮ | ⋮ | ⋮ | ⋮ |
| | ⋮ | ⋮ | ⋮ | | |
| 910 | 002 | 020 | 1975 | 3 | 0.0 |

为了了解更普遍的情况并得到一个线性的估计函数，现在让我们从一个更加理论化的角度来考虑表 2.1 中的矩阵。让我们从线性模型和单个解释变量着手。数据将从变量 $X$ 和 $Y$ 扩展至 $n$ 个横截面以及 $t$ 个时间点。横截面可以代表公司、州、市、标准大都市统计区（Standard Metropolitan Statistical Areas，SMSA）、政党、监狱人口、辖区等。对于单个个案与单个变量的合并模型可以用如下形式表达：

$$Y_{nt} = X_{nt}\beta_k + \mu_{nt} \qquad [2.1]$$

其中，$n=$ 第 1…… 第 $N$ 个横截面；$t=$ 第 1…… 第 $T$ 个时间点。

对于多于一个解释变量的情况，模型被改进为如下形式：

$$Y_{nt} = X_{knt}\beta_k + \mu_{nt} \qquad [2.2]$$

其中 $k=$第 1…… 第 $K$ 个解释变量。

数据以矩阵的形式表达如下：

$$Y = y_{11}$$

$$y_{12}$$

$$\vdots$$

$$y_{it}$$

$$\vdots$$

$$y_{nt}$$

$$X = x_{11.1}\, x_{11.2}\, x_{11.3} \cdots x_{11.k}$$

$$x_{12.1}\, x_{12.2}\, x_{12.3} \cdots x_{12.k}$$

$$\vdots \quad \vdots \quad \vdots \quad \vdots$$

$$x_{it.1} \, x_{it.2} \, x_{it.3} \cdots x_{it.k}$$

$$\vdots \quad \vdots \quad \vdots \quad \vdots$$

$$x_{nt.1} \, x_{nt.2} \, x_{nt.3} \cdots x_{nt.k}$$

$$U = \begin{matrix} u_{11} \\ u_{12} \\ \vdots \\ u_{it} \\ \vdots \\ u_{nt} \end{matrix}$$

与

$$\beta = \begin{matrix} \beta_1 \\ \vdots \\ \beta_i \\ \vdots \\ \beta_k \end{matrix}$$

因此：

$$\Omega = \begin{matrix} U(\mu_{11}^2) & \cdots & U(\mu_{11}\mu_{it}) & \cdots & U(\mu_{11}\mu_{nt}) \\ \vdots & & \vdots & & \vdots \\ U(\mu_{it}\mu_{11}) & \cdots & U(\mu_{it}^2) & \cdots & U(\mu_{it}\mu_{nt}) \\ \vdots & & \vdots & & \vdots \\ U(\mu_{nt}\mu_{11}) & \cdots & U(\mu_{nt}\mu_{it}) & \cdots & U(\mu_{nt}^2) \end{matrix}$$

对于合并时间序列的设计，我们从保留标准线性模型的假设开始：

$$\text{对于所有 } n,\ E(\mu_{nt})=0 \qquad [2.3]$$

$$\text{对于所有 } n,\ V(\mu_{nt})=\sigma^2 \qquad [2.4]$$

$$\text{对于任意 } i,\ j,\ t,\ COV(\mu_{it}\mu_{jt})=0 \qquad [2.5]$$

$$\text{对于任意 } i,\ t,\ COV(\mu_{it}x_{it})=0 \qquad [2.6]$$

$$U_{nt} \sim N(0,\ \sigma^2) \qquad [2.7]$$

在时间序列的合并集中，这些假设很容易被违背。比如说，当随机变量与非随机变量都被包括在回归等式中时，误差项的期望值不为零而其方差也不为 $\sigma^2$。因此，要想在这种状况下估计合并模型，我们首先需要纠正引入非随机变量所造成的误差。此时，回归模型的一般性问题（比如说存在不恒定方差）与时间点之间的存在潜在相关性（这是在时间序列分析中更加典型的问题——假设 2.5 与假设 2.6 很容易在合并估计当中被违背）同时存在。合并使得误差会因为同一横截面内的不同时间点之间存在关联而受到污染。污染也可能来自同一时间点上不同横截面之间的相关，或者是来自不同时间点上不同横截面之间的相关。不同横截面产生的效应被称为单位效应（unit effects）。这些单位效应既可以从其他污染来源中被分离出来，又可能与其他污染来源（比如说序列相关）合并在一起。表 2.1 所展现的例子让我们用视觉就检查出一些变量(比如说GDP或者TRADE)是如何因为在横截面上存在自相关而污染了误差项。如果不借助残差分布图,我们将更加难以发现这种不恒定方差的问题。

巩固模型2.2所要求的假设意味着,在一个横截面内或数个横截面间的不同时间点不存在相关关系,以及一个时间点中或数个时间点间的不同横截面不存在相关关系。比如说,横截面“英国”与横截面“法国”在时间点“1942”上不存在理论关联;“英国”在“1942”与“英国”在“1943”之间不存在理论关联;“英国”在“1942”与“法国”在“1943”之间不存在理论关联。又或者存在另一种可能性,尽管这些不同的单位与时间点之间确实存在理论相关性,但它们却并没有在回归模型当中被设定出来。这种误设只会在误差项中被捕捉到,而这正是合并时间序列分析中回归估计的一个污染来源。

接下来我们自然应该对该误差进行设定,从而使得这一种相关性,无论是简单或者是复杂,都能被模型所捕捉到。我们希望确认污染来源究竟是来自“时间”、“横截面”还是“两者都有”。仅仅确认误差的来源是不够的。我们希望辨别 $X_i$ 对 $Y_{nt}$ 的效应是否在所有横截面上都是一致的,或者它们的大小不同但方向相同,或者它们的方向不同但大小相同,又或者它们在不同横截面上的大小与方向都不同。这些效应在大小与方向上的不同会被用来当做

估计 $X_i$ 与 $Y_{nt}$ 线性关系的理论基础。四个不同的模型会被详细讨论进而揭示 $X_i$ 与 $Y_{nt}$ 之间的关系。这四个模型体现了当等式右边的变量与误差项之间存在不同关系时背后所蕴含的不同假设。

# 第3节 四种合并模型[A]

我们有许多方法可以揭示合并时间序列中等式右边的变量与误差项之间的关系。在此,我们将展示四个基于标准回归分析的模型,这应该是读者所较为熟悉的。它们中的每一个都反映了特定假设,但我们将尽力使每一个模型都基于计量经济学理论来进行讨论从而使读者能从一个全景当中思考它们的优劣。这四个模型并不涵盖所有情况,重要的是,我们在所有讨论当中都应牢记理论问题是模型选择的首要考虑因素。

第一个模型被称作恒定系数模型(constant coefficients model),因为在此 $X_i$ 对 $Y_{nt}$ 的效应系数在所有横截面上都是相等或是恒定的。样本中没有任何变异能使自变量与因变量之间的恒定关系受到破坏。第二个模型是最小二乘虚拟变量(least squares dummy variables, LSDV)模型,其以一种相对简单的方式承认了不恒定方差的存在。这个模型能从截距上捕捉到在横截面水平上所独特的变异。因为它的形式很简单,LSDV 模型假设横截面之间相关关系的方向是恒定的,但该模型也可以很容易地被扩展到包含交互作用的情况。第三个模型通常被称为误差成分模型(error components model),因为此时横截面之间关系的大小与方向都被假设为随机的,但它们都在误差项内被明确地设定与捕捉到。对于这个模型来说,它有许多有趣并且有用的变异形式,比如说,它可以被扩展为一种因变量是质性的形式。第四种模型是结构方程模型(structural equation model)。这个模型将研究问题改写成为一个设定的问题,其中从时间轴当中被忽略的效应与横截面之间的变化都被一系列结构方程所明确地模拟,它们将不再仅仅以误差的形式被包括在模型当中。

这四个模型反映了对合并集进行估计的不同方法,但对于单位间可比性的基础而言,这里并不存在替换的问题。当回归模型的理论基础十分薄弱时,合并便成了一项十分困难的任务。一个模型的弱点可能有多种来源,比如说数据质量不好(数据点太少、太多缺失值、样本不服从正态分布)、没有充分的理论来指导统计检验、实证模型设定的不充分或者是模型与数据的拟合程度不好。每一个模型都既有吸引人之处又存在不足,并不存在一个正确的方法在合并集中进行估计。区分不同的因果关系往往要比看起来更困难,因为我们很容易会对最初研究设计中独立横截面(聚集)分类的合理性产生疑问。Achen(1986)在最近的一篇论文当中讨论了回归中的聚集所可能带来的危险影响。一个对跨国比较感兴趣的研究者这样评论道：

> 比如说，在同样的回归分析中比较中国可能会从回归系数中得到与对三个印度、两个贝宁以及六个日本进行加权分析所得到的同样的效应。回归系数……仅仅在数据包含有可比性单位的观察值时才有意义[Ward, 1987]。

该作者对将那些从本质上不可比的分析单位(横截面)进行不正确的聚集后得到的效应持担忧态度，这是十分正确的。合并并不是这个问题的解决方案。事实上，一个合并的设计可以很快地揭示出不可比性，因为此时误差项将无法与对数据的一系列现实的假设相契合。

# 第4节｜初步诊断与残差分析[A]

基于理论以及实证模型，合并设计下的初步估计是具有实验性质的。不管这种设计对于应用研究来说多么具有吸引力，如果这种应用背后的理论基础十分薄弱或者数据质量非常差的话，我们就应该采用替代性的研究设计。我们不应该过分强调合并首先是一个设计上的问题。事实上，没有任何计量经济学上的理由可以替代薄弱的理论基础或者是质量不好的数据。

但是假设我们手头拥有十分充分的理论与数据。那么就让我们来考虑由等式2.2回归得到的一组残差向量。$Y$代表由发起国到接受国之间国际冲突的净水平（冲突减去合作），而$X_i$则代表发起国i决策者在政治上进行调换的次数。残差分析的结果展现在图2.1中。从图中可以看到，我们检验残差从而区分横截面效应、时间效应以及其他随机但与横截面和时间都相关的效应。

通过视觉观察我们可以清楚地发现这些残差的方差并不是恒定的，我们需要特别关注的是这些残差究竟在多

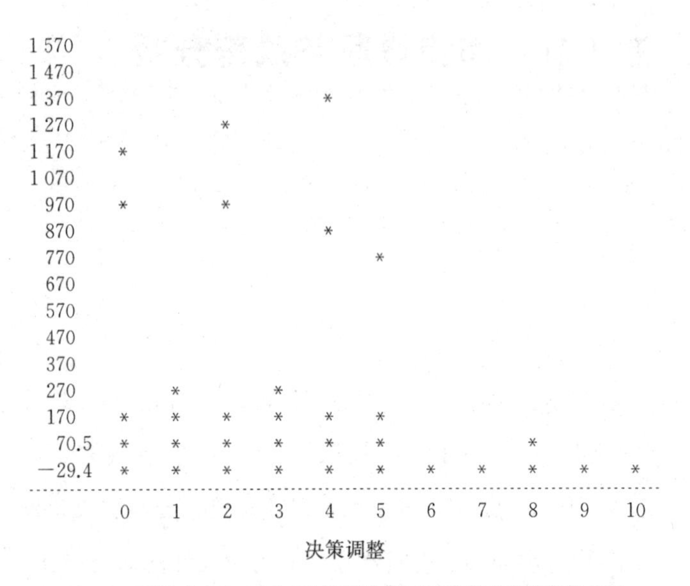


**图 2.1 国际冲突净水平对决策调整做回归所得到的残差散点图**

大程度上受到了污染。我们可以发现，对残差的污染源于将两种横截面纳入分析。第一种横截面的残差全都落在了 770 以上的冲突水平上，而第二种横截面的残差则全部都无法落在高于 270 的净冲突水平之上。显而易见，在净国际冲突水平面上的横截面存在系统性差异，这也许暗示着国内与国际冲突之间的关系在横截面间不仅大小不同，方向也可能不同。由这个例子我们可以很容易地发现，除了所提到的两种使用净冲突作为划分标准的回归线，许多不同的回归线都可以通过这些数据得到拟合。接下来让我们检验残差方差从而弄清污染的具体来源究竟是什么。这些诊断被报告在表 2.2 中。

表2.2为最小二乘残差向量中的污染提供了额外的证据。横截面值为23与13的残差方差是数以千计的极端值。横截面值为6、18与32的残差方差虽然仅仅是数以百计,但也非常大。我们由此可知,使用最小二乘法来解决这个问题会产生有偏并且无效的结果,因为我们例子中残差的方差在不同横截面上远远不是恒定的。

研究者首先需要判断的是各个横截面是否具有可比性。这里的35个横截面真的可比吗?我们如果在这个阶段将极端值删除合理吗?在第7章,我们会介绍一种技术来帮助研究者忽略一些在理论上必须纳入研究范围的极端值残差的效应。但在目前的讨论阶段,为了达到探索的目的,我们首先假设包括极端值是合理的并继续讨论上面的例子。

对于变化性问题的一个解决方案是(假设所有分析单位都是可比的)基于一个标准尺度将所有数据进行标准化。但是,因为这样一来我们所感兴趣的系数就无法很容易地进行解读(对于一个单位国内冲突的变化而言,国际冲突水平发生多少变化),所以我们还是更倾向于保留原始数据但调整所得系数从而使其反映出方差的不恒定性。这种调整可以用许多方法来实现,但我们将仅仅讨论其中较为普遍的四种。在这过程中背后引导我们的疑问是:哪一个模型能够更好地刻画出我们在残差中所观察到的关系?让我们由恒定系数模型开始对这个问题进行回答。

表 2.2 净国际冲突对决策调整做回归时 35 个横截面的残差方差

| 分析单位 | 发起者 | 接收者 | 残差方差 |
|---|---|---|---|
| 1 | 750 | 380 | 13.822 4 |
| 2 | 750 | 020 | 29.365 6 |
| 3 | 740 | 651 | 25.182 7 |
| 4 | 740 | 255 | 13.778 6 |
| 5 | 740 | 225 | 16.830 4 |
| 6 | 740 | 002 | 449.086 1 |
| 7 | 390 | 325 | 101.965 2 |
| 8 | 390 | 230 | 23.004 6 |
| 9 | 390 | 220 | 91.505 0 |
| 10 | 225 | 820 | 25.583 4 |
| 11 | 225 | 740 | 23.252 6 |
| 12 | 225 | 020 | 25.115 9 |
| 13 | 220 | 616 | 5 451.566 9 |
| 14 | 220 | 580 | 16.341 1 |
| 15 | 220 | 450 | 19.734 0 |
| 16 | 220 | 437 | 20.550 0 |
| 17 | 220 | 390 | 132.036 3 |
| 18 | 220 | 225 | 1 918.962 4 |
| 19 | 220 | 211 | 21.143 0 |
| 20 | 200 | 820 | 102.867 8 |
| 21 | 200 | 780 | 23.386 7 |
| 22 | 200 | 713 | 71.044 9 |
| 23 | 200 | 352 | 4 674.185 5 |
| 24 | 200 | 110 | 49.400 6 |
| 25 | 200 | 091 | 17.133 8 |
| 26 | 093 | 092 | 56.421 5 |
| 27 | 093 | 091 | 97.833 5 |
| 28 | 020 | 750 | 62.014 4 |
| 29 | 020 | 732 | 20.439 0 |
| 30 | 020 | 225 | 18.335 4 |
| 31 | 020 | 002 | 141.341 8 |
| 32 | 002 | 740 | 889.671 1 |
| 33 | 002 | 255 | 1 846.707 9 |
| 34 | 002 | 094 | 16.569 1 |
| 35 | 002 | 020 | 222.542 0 |

合并 Durbin-Watson $d = 0.835$
Bartlett's $M = 4\ 789.15$
Goldfeld-Quandt $R = 10.129$

# 第3章

# 恒定系数模型[A]

在一个恒定系数模型中,我们假设所有系数在合并集中的每一个横截面上都是恒定的。对于一个特定横截面来说,误差项也许会服从一个一阶自相关过程或者是存在异方差性,但是方差不能同时既随时间减小(自相关)又不恒定(异方差性)。但是这一观点并不应该被过分强调。自相关只有在异方差性被控制住了之后才能被检测出来。在一个合并设计之中,Durbin-Watson 统计值不能在标准线性模型的假设下被用作检验值(Stimson, 1985)。[7]这个检验值假设异方差性没有被其他因素所污染。对于一个合并集来说,一个合适的统计值必须能够辨认出每一个横截面的独特性。合并 Durbin-Watson $d$ 统计值可被用作检测自相关。这是一个基于横截面来估计平均自相关性的统计值。Durbin-Watson 统计值可以首先通过单独在每个横截面上进行计算再求平均得到。常规 Durbin-Watson $d$ 值会产生在一个单独时间序列内自相关程度的估计。得到的统计值越接近 2,自相关程度越低。因为合并 Durbin-

Watson $d$ 值是合并集中所有时间序列的均值，当合并统计值接近 2 时，平均而言合并集中自相关程度越低。一个替代性的却没有那么吸引人的统计值是从一个又一个横截面上计算得到 Durbin-Watson $d$ 值。这个替代方法的缺点在于，它对判断合并序列是否存在相关性不那么有用，它只适用于独立序列。但从这个意义上说，它可被用作独立时间序列自相关性倾向的额外诊断。

# 第 1 节 | 估计恒定系数模型[A]

让我们来考虑下面的线性回归模型：

$$Y_{nt} = X_{nt}\beta_k + \mu_{nt} \qquad [3.1]$$

其中，$Y_{nt}$ = 由发起国到接受国的净国际冲突水平；

$X_{nt}$ = 发起国国内冲突的水平；

$n = (1 \cdots N)$ 对横截面(dyadic cross sections)*；

$t = (1 \cdots T)$ 时间点。

根据第 2 章中的残差分析，我们现在可以检验自相关和异方差性。在当前情况下，我们如果能够不去设定异方差性的具体形态那便是再好不过了，但是先检验一阶自相关过程总归是一个好主意。高阶过程和其他相关形式（比如说滑动平均过程）相对来说较为罕见。更多的实证关注点往往集中在 AR(1) 过程上，这主要是因为它在应用当中最常出现。但即使值得怀疑，我们也没有任何理由将高阶过程或者滑动平均过程从检验过程中排除出去。事实上，

* 所有国家两两为一对。——译者注

这些过程可以被清楚地检验出来。

为什么说了解不恒定方差的具体形态对于纠正合并设计中的估计非常重要呢？对于在通常情况下的估计来说，异方差性会导致无效的估计值，而自相关则会在最小二乘法的假设下导致有偏的估计值。这些问题会因为合并而叠加，因而此时误差项的污染会十分严重，最终产生毫无意义的估计值。表2.2揭示了在这些样本数据中，自相关服从一个一阶自相关过程[AR(1)]。对于这些数据来说，合并的 $d$ 值在 $k=2$(包含常数项)时等于0.935。在自由度等于34时，$d_1=1.39$ 而 $d_u=1.51$。我们因此拒绝不存在AR(1)过程(不管自相关是正向的还是负向的)的虚无假设。表2.2的估计值是在控制住异方差性的情况下得到的，因此在这一阶段检测到的自相关并不是横截面上不恒定方差所造成的。

# 第 2 节 | 纠正自相关[A]

等式 3.1 考虑到下面的假设：

$$\mu_{it} = \rho_i \mu_{t-1} + e_{it} \qquad [3.2]$$

其中，$e_{nt} \approx N(0, \sigma^2_{\mu i})$，并且对于所有 $i$、$j$、$t$ 来说，$U(\mu_{i,\,t-1} e_{jt}) = 0$。

这个假设将误差项看做是服从一个一阶自相关过程。[8] 为了描绘合并集中自相关的特征，我们需要对这个假设进行扩展。通过替换，我们得到：

$$e = \begin{array}{ccc} \sigma_1^2 P_1 & 0\cdots\cdots & 0 \\ 0 & & . \\ \vdots & \sigma_i^2 P_i & \vdots \\ 0 & & \sigma_n^2 P_n \end{array}$$

以及

$$P_i = \begin{array}{ccccc} 1 & \rho_i & o_i^2 & \cdots & \rho_i^{t-1} \\ \rho_i & 1 & o_i & \cdots & \rho_i^{t-2} \\ \rho_i^2 & & 1 & & . \end{array}$$

$$
\begin{matrix}
. & 1 & & . \\
. & & 1 & . \\
\rho^{t-1} & o_i^{t-2} & & 1
\end{matrix}
$$

根据 Kmenta(1971：510)的研究，如果我们允许参数 $\rho$ 的值在一个横截面到另一个横截面上发生变化，那么对于 $t \geqslant s$，$U(\mu_{it}\mu_{is})=\rho^{t-s}\sigma_i^2$；以及对于 $i \neq j$，$U(\mu_{it}\mu_{js})=0$。

现在让我们重新定义等式3.1中的回归模型：

$$Y_{it}^* = Y_{it} - \rho_{i,\,t-1} \qquad [3.1a]$$

$$X_{it}^* = X_{it} - \rho_{i,\,t-1} \qquad [3.1b]$$

$$U_{it}^* = U_{it} - \rho_{i,\,t-1} \qquad [3.1c]$$

其中，包含 $t=(2,\ 3\ \cdots\ T)$ 个时间点以及 $i=(1,\ 2\ \cdots\ N)$ 个横截面。

$\rho$ 由纠正了异方差性的 OLS 估计中获得。在定义恒定系数模型中需要使用的 OLS 估计函数之前，让我们来考虑一下如何检验异方差误差，以及如果必要的话，如何将不恒定方差整合到 OLS 回归当中。

# 第 3 节 | 异方差性[A]

许多检验都可被用来检测异方差误差，但其中两种较为有名的、使用较为广泛并且计算方法较简单的是 Goldfeld-Quandt(1965)检验与 Bartlett(1937)检验。一个相关的检验则是 Theil(1977)比率检验，但因为它与 Goldfeld-Quandt 检验十分相似，所以把它纳入本书的讨论似乎是有些累赘的。[9] Goldfeld-Quandt 检验与 Bartlett 检验之所以十分相似是因为它们都检验“误差项的方差是恒定的”这个虚无假设。其他替代性假设因检验的不同而不同。Bartlett 检验没有把增大或者减小的方差纳入考量，但 Goldfeld-Quandt 检验却会控制住升序(nondecreasing)的方差。在一个合并回归中，我们既可以检验在一个时间点上的不恒定方差，又可以检验一个横截面内的不恒定方差，还可以检验包含时间信息的完整合并集当中的不恒定方差。

一个横截面还是一个时间点可被用作识别轴，这取决于污染的来源。比如说，假如一个时间点(在冲突数据中的变量 YEAR)被怀疑是污染的来源，我们可以使用一些简单的视觉考察技术以及一些更为复杂的检验来检测它。YEAR也许会被选举周期或者是战争年份的影响所污染从而造成冲突水平相应的增加或减少。首先,常规堆叠时间序列的方式将数据先按横截面分类再按年份分类并不能清楚地揭示出变量 YEAR 的影响。数据结构需要经过重新整理,使其首先体现年份,然后才是横截面。我们将首先按照时间点(年份)对合并集进行分类,然后再按横截面,这样第一个个案便代表了一个包含在 $n$ 个横截面上 $k$ 个变量观测值的时间点。因此,我们可以用 NET CONFLICT 与 YEAR 做散点图从而评估该变量或不恒定方差的影响。图 3.1 展示了 NETCON 对 ADJUST 做回归所得到的残差与 YEAR 之间关系的散点图。通过视觉观察,我们可以从这个图中发现,一些特定的极端值也许会削弱不恒定方差假设的基础。比如说,我们从图 3.1 中可以发现在这个数据较早的年份中有 7 个极端值,它们很有可能是因为特定冲突发起国在因变量 NETCON 上的方差特别大所造成的。使用上面提到的两种统计检验(Goldfeld-Quandt 检验与 Bartlett 检验),我们可以判断究竟是哪个年份(YEAR),或者是哪个横截面(ACTOR),污染了残差方差。

表 3.1 报告了按年分类的冲突数据得到的 Goldfeld-Quandt 检验与 Bartlett 检验的结果。与之对应的以常规方法堆叠序列(ACTOR)而得到的检验结果则被报告在表 2.2

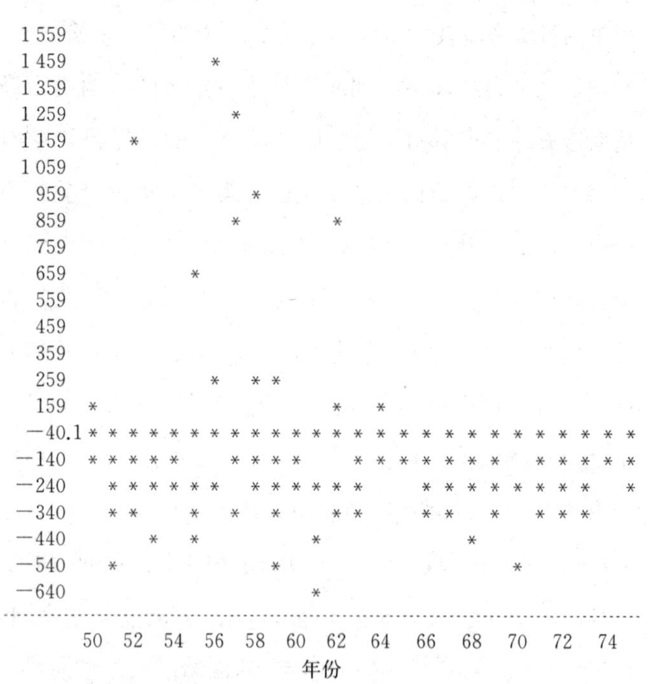


BARTLETT'S $M = 379.01$
GOLDFELD-QUANDT $R = 7.901$

**图 3.1 国际冲突净水平对决策调整做回归所得到的残差散点图（按年份排列）**

中。表 2.2 使用横截面作为污染来源，此时两种检验都表明虚无假设应该被拒绝，而替代性假设（比如说，异方差）应该受到支持。但是，当年份被看做是污染来源的时候，要得出同样结论的证据就不那么明显了。尽管表 3.1 中报告的 Bartlett 检验揭示出异方差性的存在，但是 Goldfeld-Quandt 检验的结果却显示出方差的大小是不确定的。在这种情况下，研究者应该选择使用年份作为污染来源进行进一步的诊断。在第7章,除了其他促进在合并集中进行估计的技术,我们会介绍更具体的处理异方差的方法以及检测其存在的检验。

**表3.1 净国际冲突对决策调整做回归时26个年份的残差方差**

| 分析单位 | 年 份 | 残差方差 |
|---|---|---|
| 1 | 1950 | 76.102 4 |
| 2 | 1951 | 590.163 8 |
| 3 | 1952 | 1 869.726 9 |
| 4 | 1953 | 384.907 0 |
| 5 | 1954 | 757.278 8 |
| 6 | 1955 | 524.249 2 |
| 7 | 1956 | 2 563.297 9 |
| 8 | 1957 | 2 911.214 8 |
| 9 | 1958 | 1 316.285 9 |
| 10 | 1959 | 496.833 0 |
| 11 | 1960 | 99.570 6 |
| 12 | 1961 | 1 681.507 5 |
| 13 | 1962 | 246.283 3 |
| 14 | 1963 | 247.899 2 |
| 15 | 1964 | 112.059 2 |
| 16 | 1965 | 33.995 4 |
| 17 | 1966 | 214.863 5 |
| 18 | 1967 | 194.380 5 |
| 19 | 1968 | 192.003 8 |
| 20 | 1969 | 220.963 5 |
| 21 | 1970 | 369.076 9 |
| 22 | 1971 | 192.116 3 |
| 23 | 1972 | 269.654 1 |
| 24 | 1973 | 442.908 9 |
| 25 | 1974 | 64.150 3 |
| 26 | 1975 | 107.231 6 |

BARTLETT'S $M = 379.01$
GOLDFELD-QUANDT $R = 7.901$

# 第4节 恒定系数模型的局限性[A]

对于一个合并时间序列来说,恒定系数模型是一个相当具有限制性的模型,因为它假设解释变量与因变量之间的关系在所有横截面与所有时间点上都是一样的。然而,它却并没有假设恒定方差或者不相关误差项的存在。它仅仅是假设污染效应对于所有横截面来说都是随机的并且它们都已经被误差项捕捉了。因此,我们对恒定系数模型进行进一步地修正(比如说为误差项设定一个自相关结构)仍旧是合理的做法。

恒定系数模型有几个非常吸引人的地方。首先,它并不要求研究者使用任何比最小二乘法更加复杂的技术来获得估计值。其次,该模型的简洁性也促使研究者更加“亲近”数据——发现残差中的异常,进行更多有关自相关与异方差的稳健性检验,从而使估计值更具可靠性。第三,在不存在完美设定的模型的情况下,恒定系数模型更不可能产生虚假的估计。最小二乘法的简洁性允许我们以较为简单的方法来判断是否存在错误的假设或者是不正确的(或者是缺失的)理论。该模型另一个吸引人之处在于它为其他更加复杂的模型提供了比较的标准。

然而,恒定系数模型却包含特定缺陷。一个非常严重的缺陷在于,这个模型没有能力区分独立横截面或者是在理论上有分组意义的横截面所特有的方差。比如说,与被称做“同盟”的其他组别一样,横截面“法国”和“英国”对误差项也有独特的贡献。但根据上面的讨论,两种异方差检验会得到不同的结果。我们无法确定,在恒定系数模型的假设下,我们并没有忽略重要的分组效应(比如说,“战争年份”、“冷战”又或者是“OPEC效应”)。

恒定系数模型永远无法直接识别横截面水平上的方差对误差项的独特贡献,因为除了整个合并集水平上的误差结构,误差项无法被进一步分解。其次,当合并集包含数量特别多的横截面的时候,有关 $X_i$ 与 $Y$ 之间的关系在所有横截面上都相同的假设是非常不现实的。应用这个模型,我们只需要使用一些非常大众的统计软件(比如说SAS或者SPSS)。但是,该模型却要求研究者在一个又一个横截面上做检验、做修正、重新检验模型设定等。简单来说,当模型十分简单的时候,它需要在合并集里面做很多调整。在理论缺乏、数据不太可靠并且参数估计的可接受范围先验未知的时候,这会是许多研究问题采用的模型。这种模型的简洁性让它们看起来很优雅,但是所有的调整却是非常人为的、缺乏理论深度的。因此,要想检验研究者感兴趣的假设并不是一件简单的事情。

# 第4章

# LSDV 模型[A]

恒定系数模型假设有一种效应可以拟合时间序列合并集当中的所有横截面。在实证研究中,我们很容易发现这个假设并不容易成立。当残差分析向我们展示异方差误差的时候,我们会产生一个合理的疑问——这些误差项反映出的究竟是包含不同方差的一种效应还是大小与方向都不相同的多种效应。比如说,我们可以考虑美国五十个州的选举行为或者是美国二十个标准都市统计区内的犯罪率。这两个例子都可能产生异方差,因为我们很难合理地假设说方差在整个合并集中都是恒定的。合并集中处理不恒定方差的一个方法是引进一个固定的值。基于样本,这个值要能代表独特于横截面的方差。这里之所以说要基于样本,是因为如果我们生成另一个样本,该样本的独特性也许会在一定误差范围内改变估计值。在最小二乘估计中,一个十分简单的控制方差的办法是使用虚拟变量。

## 第 1 节 | 异方差性与单位效应[A]

现在让我们回到图 2.1 中的残差分析当中。这些残差通过图形展现出异方差性的存在。图 2.1 中的误差是与横截面(分析单位)相关的。从整体而言,这些独立的污染来源共同产生了异方差,但是分别来看,它们又代表了每个分析单位对整个合并集的独特效应。基于这个原因,在最小二乘假设之下,横截面上的污染效应可被看做是单位效应。让我们暂时假设误差不会受到时间效应的污染(即,时间点的不同),因此方差仅仅在不同空间上不恒定。每一个个案都有独特的方差。我们可以在每一个横截面上单独运行模型从而估计决策调整(领导权的变更)对国际冲突的影响。但是,这个方法假设一个横截面产生的误差与其他横截面产生的误差是相互独立的。不恒定方差可能反映的是横截面间的独立性,但它也有可能反映的仅仅是一个单独的(大小与/或方向各不相同的)理论推力(theoretical thrust)。比如说,图 2.1 中的残差反映的也许是"权力"、"财富"、"发展"或其他具有可比性方面的效应。这些其他具有理论可比性的效应可在控制住不恒定方差的情况下重新估计回归模型。

让我们用另一个例子来说明单位效应对合并时间序列的影响。在这个例子中,年份是分析单位,因此我们对用时间水平上的变化来解释总统支持率并不感兴趣。相反,我们将每一年当做一个单独的信息来源来解释民众对总统及其工作的态度。[10]每一年的数据都包含几个在此区间搜集的观测值,它们都被囊括在变量 MONTH 之中。因此,时间序列的变化可以是反映在月与月之间的。年份从本质上反映出的是单位效应,因为从数据堆叠的角度来说,分析单位指的是进行调查的年份。

让我们通过检验图 4.1 来分析这些由年份得来的单位效应。图中的残差反映出它们对于特定时期而言的独特贡献。对于所有个案来说,它们反映出对于特定的总统任期有特殊的影响。具体而言,杜鲁门与福特执政期间出现的支持率低点也许是由特定对总统支持率产生负面影响的事件造成的,比如说朝鲜战争或者是特赦尼克松。在数据所涵盖的时间区间内,除了上述特定事件,也可能存在许多伴随时间发生的系统性效应。比如说,举行选举可能会污染误差项并违反最小二乘法对恒定方差的假设。举例来说,支持率中的低点无法被单独区分而是集中在一起的,这可能表示存在影响支持率的阻力。一个时期的效应可能会与另一个时期的效应重叠在一起,如果它们都发生

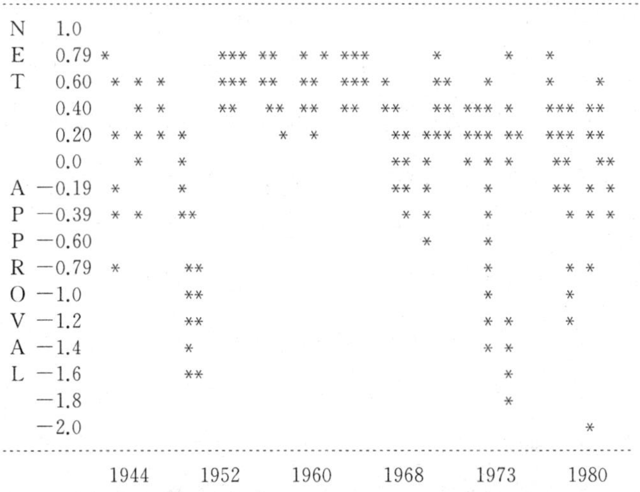

```
-------------------------------------------------------------------
N    1.0
E    0.79 *         *** **  * * ***      *      *   *
T    0.60  * * *    *** **  **  *** *    **   *     *    *
     0.40    * *    **   ** **  **  **   ** *** *   *** **
     0.20  * * * *        *  *       ** *** *** ** *** **
     0.0     *   *                   ** *   * * *   **  **
A  -0.19   *     *                   ** *     *     ** * *
P  -0.39   * *   **                   * *     *       * * *
P  -0.60                                *     *
R  -0.79   *      **                          *       * *
O  -1.0           **                          *       *
V  -1.2           **                          * *     *
A  -1.4           *                           * *
L  -1.6           **                            *
   -1.8                                         *
   -2.0                                                 *
-------------------------------------------------------------------
           1944     1952     1960     1968     1973     1980
```

**图 4.1　按年份展示的总统支持率(净支持)散点图**

在支持率中的低点。换句话说,不受欢迎的效应也许要比受欢迎的效应持续的时间长,而这样的情况明显违背了标准回归当中对于独立性的假设。独特的效应可以由一个虚拟变量被系统性地捕捉得到,而其他更加难以说明的影响则会作为交互效应或者复合效应继续污染误差项。这些效应会以"世代效应"的形式困扰研究者对一个时间序列的分析,即观测值的变化由一个"成熟程度"的函数所表示,或者以"时代精神效应"的形式,即观测值的变化由一个代表"时代精神"的函数所表示。

LSDV模型使用一个截距来捕捉横截面或时间点特有的效应。合并集允许我们将特定于时间的效应看做是用时间来替代时间中所观测到的系统性效应。一些时期对于误差来说具有系统性的影响，正如横截面的影响既可以是系统性的又可以是随机的。我们并没有就时间点之间的相关性作任何假设(比如说存在一阶自相关)，我们仅仅是指出也许时间会对方差产生一定的影响。这种问题往往会在季节性变化或调整的时候出现，比如说消费者在圣诞节期间的支出，战争期间的军事支出或者是在政治人物做出特别不得人心的决定之后所进行的民意调查。截距并不能解释单位之间的方差(between-unit variance)或者是一定时期之内的方差(variance over time)。截距仅仅代表试图最小化“真正的解释”中的误差的方差。因此，LSDV 模型中的截距被 Maddala(1977)称为“具体的无知”(specific ignorance)。而我们一般性的无知(general ignorance)则是被误差项($\mu_{nt}$)所捕捉的。

# 第 2 节 | 估计 LSDV 模型[A]

当截距反映出来自横截面与时间序列的方差时，虚拟变量模型并不是唯一一个适合估计这些效应的模型，但相对来说它比较简单。虚拟变量模型替换了包含虚拟变量系数的完整合并集中所有 $b$ 的估计值。为了整合进一个虚拟变量，让我们回到等式 3.1 的模型并将其重新写成下面形式：

$$Y_{nt} = \alpha_{nt} + x_{nt}\beta_k + u_{nt} \qquad [4.1]$$

其中

$$u_{nt} = \lambda_t + \mu_n + \xi_{nt}$$

因此：

$$Y_{nt} = \alpha_{nt} + \lambda_t + \mu_n + X_{nt}\beta_k + \xi_{nt} \qquad [4.2]$$

其中，包含 $n=(1\cdots N)$ 个横截面，$t=(1\cdots T)$ 个时间序列。

$\lambda_t$ 与 $m_n$ 被假设是基于横截面而“固定的”，而 $\xi_{nt}$ 则被假设是随机的。鉴于 LSDV 模型不如其他估计量（estimator）那么有效，并且当 $X$ 项包含不随时间变化的变量时一些信息会丢失，我们在使用它的时候应该更加小心。[11]

在之前的讨论中，我们提到说固定效应与随机效应之间的区别并不值得过分探究，但是当一个截距项被引入之后，这个问题却需要得到更仔细的研究。此时，只有在特殊情况下，固定效应与随机效应才是等同的。我们不要忘记固定效应必须要基于虚拟变量与 $X$ 项自变量之间的关系才能被看做是随机效应。在没有遗漏变量的情况下，虚拟变量的估计量与非条件性 GLS 的估计量是等同的(Mundlak, 1978)。但是，如果固定效应与遗漏变量相关并且这些遗漏变量与 $X$ 项中的自变量也相关，此时 LSDV 与 GLS 的估计量就不等同了。一些后设技术被研发出来解决这个特殊的估计问题，但是本书不会对它们进行讨论。[12]

在下面的两个表格当中，我们将 LSDV 模型与 OLS 模型对两组不同数据进行估计和比较。第一组数据包含有关两个国家外交气候(敌对或是友好)的 144 个个案 ($n=6$, $t=24$)。在这组数据中，对方差的污染影响主要来自于横截面。第二组数据关于总统支持率 ($n=18$, $t=12$)，此时污染的来源主要来自横截面，在这组数据当中具体指的是调查年份。读者需要记住的是虽然我们的横截面是年份，但是合并设计却并不要求说这些年份必须是连续的。LSDV 模型找到并且纠正了时间当中的特殊效应，而不是那些包含序列相关或者是依赖于时间的效应。表 4.1 对比了 OLS 与 LSDV 模型所得到的民众对总统之前表现的满意程度对当前支持率效应的估计值(estimate)，而表 4.2 则比较了贸易对外交友好程度效应的估计值。

**表 4.1 对总统之前表现的满意程度对总统当前支持率效应的 OLS 与 LSDV 估计值**

| | OLS<br>*b*<br>(标准误差) | LSDV<br>*b*<br>(标准误差) |
|---|---|---|
| 常　　数 | 0.054 9<br>(0.019 7) | — |
| 之前表现的满意程度 | 0.876 2<br>(0.035 7) | 0.600 3<br>(0.053 4) |
| 单位效应 | — | |
| 1954 | | 0.300 1(0.077 3) |
| 1958 | | 0.200 8(0.073 4) |
| 1959 | | 0.293 7(0.076 5) |
| 1960 | | 0.264 7(0.075 9) |
| 1962 | | 0.343 6(0.079 0) |
| 1965 | | 0.302 8(0.077 8) |
| 1966 | | 0.106 7(0.071 6) |
| 1967 | | 0.019 9(0.070 1) |
| 1969 | | 0.313 4(0.078 3) |
| 1970 | | 0.204 8(0.073 9) |
| 1973 | | −0.156 3(0.070 6) |
| 1974 | | −0.267 8(0.078 7) |
| 1978 | | 0.081 2(0.070 4) |
| 1979 | | −0.132 0(0.073 6) |
| 1981 | | 0.209 1(0.074 7) |
| 1982 | | 0.034 4(0.070 1) |
| 1983 | | 0.003 8(0.070 1) |
| 1984 | | 0.164 0(0.072 0) |
| 经调整的 $R^2$ | 0.736 | 0.768 |

每一个横截面(在表 4.2 中报告了外交活动当中的发起者和接受者)都有一个单独的回归单位效应。这些单位效应被按照国家名称来排列。外交活动是一个连续变量,

表 4.2 贸易对外交友好程度效应的 OLS 与 LSDV 估计值

| | OLS<br>$b$<br>(标准误差) | LSDV<br>$b$<br>(标准误差) |
|---|---|---|
| 常 数 | 2.476 4<br>(0.206 7) | — |
| 贸 易 | 4.054 6<br>(0.413 7) | 1.002 9<br>(0.632 6) |
| 单位效应 | — | |
| 美 国 | | 4.326 2(0.467 6) |
| 加拿大 | | 2.697 6(0.248 0) |
| 英 国 | | 4.455 6(0.342 8) |
| 法 国 | | 4.734 2(0.440 5) |
| 意大利 | | 4.375 6(0.399 2) |
| 日 本 | | 2.393 2(0.226 4) |
| 经调整的 $R^2$ | 0.399 | 0.548 |
| 合并 Durbin-Watson $d$ 值 | 1.23 | 1.64 |

取值落在敌意与友好之间,其中正数值代表友好而负数值代表敌意。[13]每一个横截面的特殊贡献由这个表中的一系列 $b$ 值所表达。但需要注意的是,当单位效应被包括之后,合并 Durbin-Watson 统计值虽然由 1.23 增加到 1.64,却仍然表明存在一定的污染。

在表 4.1 中,我们给出了另外一个例子。这个表比较了 OLS 与 LSDV 模型对总统支持率数据的估计值。在这个例子中,分析单位是年份。将后置内生变量加入这里的回归模型使得 Durbin-Watson $d$ 值不再有用,而恰当的 Durbin $h$ 值也无法揭示出比自相关函数更多的信息。在这个数据所包括的 18 个年份当中,单位效应除了在三种情况外都是正值。这三种情况中的两种非常有可能与OPEC石油封锁(1973, 1974)有关,而第三种则可能是由卡特任期当中的伊朗人质危机(1979)造成的。还有一些单位效应虽然是正值,却比平均支持率水平要小,比如说1976年(春节之前的越南)。

LSDV模型十分清楚地给出了来自横截面特殊影响的信息。在我们所讨论的两个例子中,更好的回归拟合值都是由LSDV模型得到的,这点我们可以从经过调整的$R^2$中判断出来。加入单位效应使得其他$X$项中的变量的效应变小,这点则可以由等号右边变量系数变小看出。

Stimson(1985)正确地观察到OLS的适用性必须基于横截面对因变量的效应是同质性的。尽管我们可以对这种同质性进行具体的检验,但不能在OLS的限制下进行。如果我们假设说在OLS的环境中同质性可能会成为问题,那么我们就必须尽最大的努力来确保系数的稳健性。具体来说,稳健性指的是估计值在一定程度上不会因为引入或是删除特定个案和时间点而发生改变。当新个案被引入时,只要样本分布依然呈正态性并且$Y$和$X$变量之间的关系是线性的,那么估计值便会是稳健的。我们在第7章中会更加详细地讨论稳健性问题,但之所以在此值得一提是因为估计值会受到多种来源的污染,包括合并集当中的异质性。[14]与往常一样,残差总为我们提高OLS估计的有效性提供十分宝贵的信息。

# 第5章

# 随机系数模型[B]

如果等式 4.1 当中的系数 $\lambda_t$ 与 $\mu_n$ 并不固定在回归截距之上，而是被允许随着时间与空间进行随机变化，那么我们便可以假设说这些系数所代表的变量均值为零，并且在对于 $i \neq j$ 与 $t \neq s$ 来说有 $E[\mu_i \mu_j]=0$ 与 $E[\lambda_t \lambda_s]=0$ 的条件下以方差 $\sigma^2$ 进行分布。此外，$\lambda_t$、$\mu_n$ 与 $\xi_{nt}$ 互不相关。因为使用协方差结构中的信息来获得合并时间序列当中无偏且有效的估计值，误差成分模型也常常被称作随机系数模型（random coefficient model）。随机系数模型使用时间随机误差、空间随机误差以及不独特于时间与空间却对于回归模型来说是随机的误差来获取有效且无偏的估计值。空间（横截面）系统性误差、时间系统性误差以及同时包含两种情况的系统性误差都是随机系数模型总和误差的组成部分。这个模型最明显的优点在于它不需要引入任何有关方差需要在哪里固定的假设，因此，当不存在强有力的理论基础时，我们不需要做出任何错误的假设。但是，这个模型最明显的缺点在于它必须基于随机误差，因此它的误差项必须要被精确地模拟。进行诊断是十分关键的。同时，在拥有大型数据的情况下，通过方差协方差矩阵对其进行修正是十分不便的一件事情。此外，也没有任何保证说效应在LSDV估计时会更大。尽管误差成分模型更加有效，但从实践的角度来说，这不一定更好（比如说，更强的效应或者是更加统计性显著的估计）。造成这个看似十分矛盾的部分原因在于，与OLS或LSDV模型相比，随机系数模型要求更好的设定理论。在随机系数模型的设定下，理论效应也许会很强，但模型的整体拟合程度却可能会大幅度地下降。另外，像是遗漏变量或是多重共线性等问题会在OLS、LSDV或是GLS假设下产生无意义的估计值，但它们在GLS估计中却更难被发现。基于这个原因，为了获得有关估计值大小与方向的比较基准，我们在通常情况下应该从最简单的模型开始（比如说OLS）。如果随机系数模型被选中，那么发掘随机误差在时间、空间或其他方面的影响便可在最小二乘法的框架下面实现（前提是实证模型没有违背标准最小二乘法的假设，否则的话最大似然估计法也许可以发挥作用）。

# 第1节 | 估计随机系数模型:GLS方法[B]

为了达到简洁的目的,我们希望将空间与时间的系统性(系统性却不是固定性)误差以及任何空间与时间的非系统性误差合并到一个斜率系数当中。为了做到这些,我们选择了一个GLS估计函数。该GLS估计函数可被表达如下:

$$\beta=(X_{\varphi}^{\prime -1}X)^{-1}X_{\varphi}^{\prime -1}Y \qquad [5.1]$$

基于

$$Y=X_{nt}\beta_k+u_{nt} \qquad [5.2]$$

其中

$$u_{nt}=\lambda_t+\mu_n+\xi_{nt}$$

以及 $\lambda_t$ 在时间轴上是随机的,并且服从 $N(0,\ \sigma_{\lambda}^2\varphi)$ 分布;$\mu_n$ 在横截面水平上随机分布,并且服从 $N(0,\ \sigma_{\mu}^2\psi)$ 分布;而 $\xi_{nt}$ 在时间与空间水平上都是随机的,并且服从 $N(0,\ \sigma_{\lambda}^2\sigma_{v}^2\psi)$ 分布。

到目前为止,我们并不假设 $\lambda_t=\rho\lambda_{t-1}+v_t$ 以及 $\sigma_{\lambda}^2=\rho_{v}^2/1-\rho^2$。[15]这是我们在下个部分会谈及的GLS模型的

一个 ARMA 变异形式。

联合分布现在以下面形式表达：

$$\varphi_{ii} = \sigma_{\lambda}^{2} + \sigma_{\mu}^{2} + \sigma_{v}^{2}$$

且两个不同的横截面误差项之间的协方差可被表示如下：

$$\varphi_{ij} = \sigma_{\lambda}^{2}$$

需要注意的是，这里的横截面方差是被误差成分模型当中的自回归参数所捕捉。这代表了 $\psi^{-1}$ 与 $\varphi$ 之间关系的本质含义。

$$
\begin{array}{llllll}
(P'P) = 1 & \rho_i & \rho_i^{2} & \rho_i^{t-1} & & \cdots \\
\rho_i & 1 & & & & \\
\rho_i^{2} & & 1 & & & \\
\cdot & & & 1 & & \\
\cdot & & & & 1 & \\
\rho_i^{t-1}\ o_i^{t-2} & & & & & 1 \\
= \sigma_v^{2}\varphi \cdots & & & & &
\end{array}
$$

为了估计这个模型，我们将等式 3.1 修正为下面形式：

$$Y^{**} = X_{nt}^{**}\beta_k + \mu_{nt}^{**} \qquad [5.3]$$

其中

$$Y^{**} = Y_{nt} - (1-\sigma_{\mu}/\sigma_1)Y_n^{*} - (1-\sigma_{\mu}/\sigma_2)Y_t^{*} + ((1-\sigma_{\mu}/\sigma_1) + (1-\sigma_{\mu}/\sigma_2) + (1-\sigma_{\mu}/\sigma_3))Y_{nt}^{*} \qquad [5.4]$$

$$X^{**}=X_{nt}-(1-\sigma_{\mu}/\sigma_1)X_n^*-(1-\sigma_{\mu}/\sigma_2)X_t^*$$
$$+((1-\sigma_{\mu}/\sigma_1)+(1-\sigma_{\mu}/\sigma_2)+(1-\sigma_{\mu}/\sigma_3))X_{nt}^* \quad [5.5]$$

我们可以做出如下定义：

$$\sigma_1=\sqrt{(\sigma_u^2+T\sigma_u^2)}$$

$$\sigma_2=\sqrt{(\sigma_u^2+N\sigma_\lambda^2)}$$

$$\sigma_3=\sqrt{(\sigma_u^2+T\sigma_u^2+N\sigma_\lambda^2)}$$

$\sigma_u=\sqrt{(\sigma_u^2)}$ 由 OLS 生成；

同时，$X_n^*=$均值$(X_n)$；$X_t^*=$均值$(X_t)$。

其估计形式表达如下：

$$Y_n^*=\alpha_{nt}+\mu_n+X_{nt}\beta_k+\xi/T \quad [5.6]$$

$$Y_t^*=\alpha_{nt}+\lambda_t+X_{nt}\beta_k+\xi/N \quad [5.7]$$

$$Y_{nt}^*=\alpha_{nt}+X_{nt}\beta_k+\xi/NT \quad [5.8]$$

等式 5.3 当中的估计函数 $\beta$ 是一个估计广义最小二乘(EGLS)估计函数而不是实际的 GLS 估计函数，因为我们已经使用了从之前回归估计得到的估计值来确定方差。特别需要指出的是，$\sigma_\mu^2$ 由一阶估计当中的 OLS 估计值得到。表 5.1 比较了 OLS、LSDV 和 GLS 模型在估计总统支持率数据时得到的估计值。

在这个模型中我们对 ARMA 过程不做任何假设，而表 5.1 所揭示的则是民众对之前总统工作满意程度的效应在三种模型之下呈现出相对的稳健性。正如我们所预料的，GLS技术降低了回归模型的整体拟合程度。因为这些模型可以被非常广泛地使用，让我们使用外交友好程度的时间序列数据来再检验一个例子。在这个模型当中，我们

**表5.1 民众对总统之前表现的满意程度对总统当前支持率效应的OLS、LSDV与GLS回归估计值**

| | OLS<br>$b$<br>（标准误差） | LSDV<br>$b$<br>（标准误差） | GLS<br>$b$<br>（标准误差） |
|---|---|---|---|
| 常　　数 | 0.054 9<br>(0.019 7) | — | 0.099 8<br>(0.041 6) |
| 之前表现的满意程度 | 0.876 2<br>(0.035 7) | 0.600 3<br>(0.053 4) | 0.694 5<br>(0.047 4) |
| 单位效应 | — | | |
| 1954 | | 0.300 1(0.077 3) | |
| 1958 | | 0.200 8(0.077 3) | |
| 1959 | | 0.293 7(0.076 5) | |
| 1960 | | 0.264 7(0.075 9) | |
| 1962 | | 0.343 6(0.079 0) | |
| 1965 | | 0.302 8(0.077 8) | |
| 1966 | | 0.106 7(0.071 6) | |
| 1967 | | 0.019 9(0.070 1) | |
| 1969 | | 0.313 4(0.078 3) | |
| 1970 | | 0.204 8(0.073 9) | |
| 1973 | | −0.156 3(0.070 6) | |
| 1974 | | −0.267 8(0.078 7) | |
| 1978 | | 0.081 2(0.070 4) | |
| 1979 | | −0.132 0(0.073 6) | |
| 1981 | | 0.209 1(0.074 7) | |
| 1982 | | 0.034 4(0.070 1) | |
| 1983 | | 0.003 8(0.070 1) | |
| 1984 | | 0.164 0(0.072 0) | |
| 经调整的$R^2$ | 0.736 | 0.768 | 0.499 |

同样对ARMA过程不做假设，因此在误差成分当中被捕捉到的随机变化就应该反映出合并集中的异方差性。在表5.2中，我们比较了随机系数估计值与OLS和LSDV的估计值。

表5.2给出了贸易对外交友好程度效应的GLS估计值。与OLS和LSDV模型的比较揭示出GLS的拟合程度不如OLS与LSDV的拟合程度，但是具体的效应却可能更加可靠。效应上的差异（从OLS估计得到的 $b=4.05$ 到LSDV估计得到的 $b=1.0$）虽然很大，但GLS所估计得到的效应（$b=1.35$）更加接近LSDV的效应，并且是无偏且有效的。

**表5.2 贸易对外交友好程度效应的OLS、LSDV与GLS回归系数**

| | OLS<br>$b$<br>（标准误差） | LSDV<br>$b$<br>（标准误差） | GLS<br>$b$<br>（标准误差） |
|---|---|---|---|
| 常　数 | 2.476 4<br>(0.206 7) | — | 3.674 3<br>(0.491 0) |
| 贸　易 | 4.054 6<br>(0.413 7) | 1.002 9<br>(0.632 6) | 1.354 7<br>(0.606 7) |
| 单位效应 | — | | |
| 美　国 | | 4.326 2(0.467 6) | |
| 加拿大 | | 2.697 6(0.248 0) | |
| 英　国 | | 4.455 6(0.342 8) | |
| 法　国 | | 4.734 2(0.440 5) | |
| 意大利 | | 4.375 6(0.399 2) | |
| 日　本 | | 2.393 2(0.226 4) | |
| 经调整的 $R^2$ | 0.399 | 0.548 | 0.027 |
| 合并 Durbin-Watson $d$ 值 | 1.23 | 1.64 | |

# 第2节 GLS模型的一个ARMA变异[B]

通过检验从总统支持率回归中得到的自相关函数(autocorrelation function，ACF)与部分自相关函数(partial autocorrelation function，PACF)，一阶自相关过程的假设得到了确认。这些函数代表了一个时间点上的回归残差与前一个时间点上的回归残差之间的相关性。它们在图5.1当中被再次展现出来。ACF中清楚的下降趋势以及PACF中唯一的显著性增长都表明了这是一个一阶自相关过程。ACF是两个时间点之间的简单双变量相关，而PACF则是在控制住其他显著性滞后效应影响之后的相关。PACF被用作检测在保持早期滞后项恒定之后后期滞后项的影响(或者相反)。如果PACF当中存在多于一个显著的上升高峰，这就表示说还有其他的滞后效应。在图5.1当中，我们仅仅看到一个PACF的显著高峰，这反映出只有一个时期的滞后效应以及残差当中存在标准AR(1)过程的自相关。

EGLS模型的一个简单ARMA变化形式假设存在一个自相关过程在影响着方差。假设等式3.1的一个一阶

ARMA 过程可被写作下面形式：

$$Y_{nt} = X_{nt}\beta_k + e_{nt} \qquad [5.9]$$

其中，$e_{nt} = \mu_n + \lambda_t + \xi_{nt}$。

现在再假设说 $\lambda_t$ 服从 $N(0,\ \sigma_\lambda^2\psi)$ 分布，并且 $\lambda_t = \rho\lambda_{t-1} + v_t$。

| 自相关函数（0 … +1） | 滞后项 | 部分自相关函数（0 … +1） |
|---|---|---|
| ************** | 1 | ************** |
| ************* | 2 | * |
| ************ | 3 | * |
| ********** | 4 | * |
| ********** | 5 | * |
| ********* | 6 | |
| ******** | 7 | |
| ******** | 8 | |
| ******** | 9 | |
| ******* | 10 | * |
| ****** | 11 | * |
| ****** | 12 | * |
| ***** | 13 | |
| ***** | 14 | |
| **** | 15 | * |

**图 5.1　用民众对总统之前表现的满意程度对当前总统支持率做回归所得残差**

$$\sigma_\lambda^2 = \frac{\sigma_v^2}{1-\rho^2} \quad [16]$$

表 5.3 当中给出了重新估计的 ARMA-GLS 模型，同时还报告了表 5.2 当中总统支持率数据的 GLS 估计值用以比较。

表 5.3 比较了两个 ARMA 模型（OLS 与合并 GLS）与

不包含 ARMA 假设的 GLS 模型的结果。只有合并 ARMA 估计可以识别每个横截面对方差的贡献。ARMA 假设使 OLS 模型的估计系数变大了($b$ = 0.909 7)，但是无偏的 GLS 估计值却只有先前所估计的"民众对总统之前表现的满意程度"对"当前总统支持率"效应系数的三分之一($b$ = 0.311 5)。每一个横截面的具体贡献(在这个例子中指的是调查开展的年份)仍是未知的。尽管 ARMA 模型纠正了非常数方差并使效应的估计值提高了，此时模型的整体拟合程度却下降了。追求估计值有效性与无偏性的代价就是会损失模型整体的拟合程度。但是，一个能比 GLS 和 ARMA-GLS 表现得更好的模型必须基于承认横截面水平的贡献以及一阶自相关。而这一点可以由采用看似不相关回归(seemingly unrelated regression)所实现。

**表 5.3　民众对总统之前表现的满意程度对总统当前支持率效应的 ARMA 估计**

| | GLS<br>$b$<br>(标准误差) | OLS-ARMA<br>$b$<br>(标准误差) | 合并 GLS-ARMA<br>$b$<br>(标准误差) |
|---|---|---|---|
| 常　　数 | 0.099 8<br>(0.041 9) | 0.028 0<br>(0.014 1) | 0.230 0<br>(0.050 6) |
| 之前表现的满意程度 | 0.694 5<br>(0.047 4) | 0.909 7<br>(0.031 2) | 0.311 5<br>(0.063 3) |
| 经调整的 $R^2$ | 0.499 | 0.795 | 0.128 |

以上报告的所有 ARMA 模型中，对于一阶转换函数而言 $\rho$ = 0.917 且 $\delta$ = 0.000 1。

# 第3节 | GLS模型的一个看似不相关回归版本[B]

当下面模型当中的斜率系数

$$Y_{nt}=\alpha_{nt}+X_{nt}\beta_k+e_{nt} \quad [5.10]$$

仅仅在横截面水平上发生变化时，变量 $Y_{nt}$ 与变量 $X_{nt}$ 之间的关系在每一个横截面上都有所不同，但它们在特定的一个横截面之内的各个时间序列当中却保持相同。我们已经使用过虚拟变量模型来将每一个横截面上的独特变化纳入考量，但在这些条件下估计一个合并回归其实还有更有效的方法。该方法也允许我们纠正一阶自相关过程。具体来说，这个方法将每个横截面以及该横截面之内的时间序列看做是单独的方程，并且这些方程不与合并数据集中的任何其他横截面（以及该横截面之内的时间序列）存在关联。这种方法首先由 Zellner（1962）提出，旨在管理方程组。通常情况下它被称为看似不相关回归。

SUR 估计函数是以下形式的一个经修正的 EGLS 估

计函数：

$$\beta=(X'_{nt}\Sigma^{-1}X_{nt})^{-1}X'_{nt}\Sigma^{-1}Y_{nt} \qquad [5.11]$$

$\Sigma$ 包含成分 $\sigma_{nt}=T^{-1}e_ie_j$，其中 $i$，$j=(1, 2\cdots N)$ 个横截面以及 $T=(1, 2\cdots T)$ 个时间序列。

如果每个横截面上解释变量的数量不同，那么SUR估计函数是有偏的，但仍是一致的，并且和使用OLS在每个横截面上分别做回归相比，它要更加有效。对于包含SUR估计函数的合并回归而言，研究者必须确保没有使用分段技术(stepwise techniques)以及在每个横截面上对 $X$ 项中外生效应的设定都保持完全相同。[17]

在存在一阶自相关误差项的情况下，估计等式5.11中的 $\beta$ 需要额外的假设：

$$\beta^*=(X^{*\prime}\Sigma^{-1}X^*)^{-1}X^{*\prime}\Sigma^{-1}Y^* \qquad [5.12]$$

其中

$$X^*=PX;\ X^*_{it}=X_{it}-\rho x_{it-1}$$；并且

$$Y^*_{it}=PY;\ Y_{it}=Y_{it}-\rho y_{it-1}$$

所估计的协方差由经转化的最小二乘估计当中得到：

$$U^*_{nt}=Y^*_{nt}-X^*_{nt}\beta^*_k \qquad [5.13]$$

表5.4比较了EGLS-ARMA模型与SUR-EGLS-ARMA模型在存在一阶自相关过程的情况下从外交友好程度数据当中得到的估计值。

表 5.4 贸易对外交友好程度效应的 SUR 估计

| | GLS<br>$b$<br>（标准误差） | GLS-ARMA<br>$b$<br>（标准误差） | GLS-SUR-ARMA<br>$b$<br>（标准误差） |
|---|---|---|---|
| 常　　数 | 3.674 3<br>(0.496 0) | 8.811 5<br>(2.372 4) | 2.830 6<br>(0.205 5) |
| 贸　　易 | 1.354 7<br>(0.606 7) | 2.370 5<br>(0.406 7) | 3.464 8<br>(0.363 0) |
| 经调整的 $R^2$ | 0.027 | 0.590 | 0.470 |

让我们来考虑一下这个模型当中的 EGLS-SUR-ARMA 版本，此时贸易的效应系数有所增大。贸易的系数由简单 EGLS 模型当中的 $b=1.354\,7$ 增加到现在的 $b=2.370\,5$。模型的整体拟合程度也有所增加，经调整的 $R^2$ 由 0.027 增加到 0.590。当采用 SUR 版本之后，拟合程度略微下降了（由 $R^2=0.590$ 下降到 $R^2=0.470$），但贸易的系数却由 $b=2.370\,5$ 增加到了 $b=3.464\,8$。SUR 模型在每一个横截面上都会估计一个单独的 rho 值从而拟合线性模型估计的 ARMA 参数。获得这些单独的 rho 估计值所需要的诊断信息可以由独立估计每一个横截面或者使用合并 OLS 或者 GLS 模型来独立估计每个横截面独特的方差来获得。从表 5.4 当中所汇报的估计结果可知，通过计算 OLS 残差方差对 OLS 与 LSDV 合并残差方差的比率，我们可以得到六个不同的估计值。当存在异质性的时候，SUR 估计被证明是十分有用的，因为它对个体的贡献更加敏感。SUR 模型事实上是一个更广义模型的特殊形式，该广义模型允许参数在不同横截面上随机变化。在下一节当中，我们会更加详细地讨论这个广义模型。

# 第 4 节 | Swamy 随机系数模型[B]

当回归方程中的系数不是固定的而是被允许在合并集当中随横截面随机变化的时候，我们便可将因此得到的模型称为随机系数模型，该模型由 Swamy（1970）所提出。在这个模型当中有两个估计函数，$\beta$ 与 $\beta_i$。$\beta$ 代表一个概率分布的均值，而一个单独的 $\beta_i$ 则被从这个概率分布的集合当中被抽中。我们的任务就是要确定均值 $\beta$ 从而估计出一个特定的横截面效应 $\beta_i$。该模型可被写做如下：

$$\text{当 } i=(1\cdots N) \text{ 且 } t=(1\cdots T) \text{ 时}, Y_{it}=X_{it}(\beta+\mu_i)+e_{it} \quad [5.14]$$

我们假设模型的这个版本不存在序列相关，因为这样做会使协方差矩阵变得复杂。同时，尽管从理论上讲这样做是可行的，但在应用当中序列相关往往是难以驾驭的。5.14 中的回归等式是一个通过假设横截面内方差恒定而纠正了异方差误差的模型。随机系数模型与固定 SUR 模型相比，其优点在于此时我们可以预测亚群（横截面）的不同分类并且预测对于一个特定亚群而言因变量的取值。

该模型将合并集看做是一系列重复抽样的样本(repeated samples)。因此基于一个均值以及一个有关合并集分布的假设,它通过找到一个均值的估计值,再通过此估计值预测特定的亚群(横截面),从直觉上讲这是有道理的。

当然,如果合并集并没有很好地满足正态分布假设,其他类型的分布也可作为替代,但这时最小二乘估计所带来的非常吸引人的特性就不一定存在了。正如任何随机系数模型,Swamy 模型试图评估残差方差被新添加的一个随机参数所解释的比例。这个比例直接取决于残差项方差以及所添加的参数的方差。毋庸置疑,可比性与同质性能够使方差更加适合 EGLS-Swamy 模型。Swamy 模型以下面形式呈现:

$$Y_{nt} = Y_{nt}\beta + Z\mu + e_{nt} \qquad [5.15]$$

协方差由 $\xi = QQ'$ 给出,其中 $Q = (Z\mu + e_{nt})$。

$$\beta = (X'\Phi^{-1}X)^{-1}X'\Phi^{-1}Y \qquad [5.16]$$

这仅仅是对于特定横截面而言最小二乘估计量的加权平均。在不存在序列相关的情况下,这个模型具有优势,因为无论时间序列有多长,平均估计量都仅仅是由外生效应的数量所决定的(比如说,$X$ 项的大小)。Judge 等人(1985)介绍了 GLS-Swamy 估计量作为一个"估计量间"(between estimator)与一个"估计量内"(within estimator)的加权平均。该模型让我们得以区分横截面内产生的方差与横截面间产生的方差。为了说明 Swamy 系数模型，我们再一次用到外交友好程度的数据。表 5.5 比较了不同估计方法所得到的贸易对外交友好程度效应的回归估计值。

表 5.5 中的 Swamy 系数包含了外交友好程度的一个滞后内生变量。一共有三种 Swamy 估计值：合并 OLS 估计、Swamy-GLS 估计与 Swamy-GLS-ARMA 估计。与其成为各个横截面"固定的"rho 值，各个横截面上的实际残差输出被用作为该横截面的贡献进行加权。在该模型的 ARMA 版本当中，经过加权的 $x$ 项与 $y$ 项被假设服从一个一阶自相关过程。表 5.5 中所报告的 ARMA 模型包含了一个由整个合并集，而不是特定横截面估计得来的 rho 值。贸易对外交友好程度的效应在 OLS 模型与 GLS 模型的 Swamy 版本之下都表现得相当稳定，但该效应在 GLS-ARMA 版本之下更强。模型在 ARMA 版本以及滞后内生变量的影响之下整体拟合程度变得更好。

Swamy 模型较 SUR 模型的优点在于无偏性与有效性，但它估计出来的系数大小以及模型的整体拟合程度却可能逊于 SUR 模型。Swamy 系数可被看做是合并加权最小二乘系数（pooled weighted least squares coefficients）。当合并集很大时，估计这种系数是不方便的。此处我们假设误差项的独立性（即，来自横截面变化的误差与来自时间序列的变化相互独立），但实际上它仍然可能会污染系数。当误差独立性的假设被违背时，研究者就需要考虑系数的稳健性。在 Swamy 模型当中，我们首先纠正由横截面方面造成的污染，然后再使用 ARMA 进行重新估计从而纠正自相关的问题。没有证据表明这样的两步估计是无偏或者是有效的。更好的做法是使用一个估计量来同时解决这两个问题，而这恰恰就是 Hsiao 估计量所尝试的。

**表 5.5 贸易对外交友好程度效应的 Swamy 估计**

| | 合并 OLS<br>*b*<br>（标准误差） | GLS<br>*b*<br>（标准误差） | GLS-ARMA<br>*b*<br>（标准误差） |
|---|---|---|---|
| 常　数 | 2.958 2<br>(0.235 1) | 3.010 0<br>(0.536 0) | 1.485 8<br>(0.282 7) |
| 友好程度 $(t-1)$ | 0.026 7<br>(0.004 9) | 0.211 9<br>(0.072 0) | 0.653 1<br>(0.057 2) |
| 贸　易 | 3.227 1<br>(0.042 4) | 3.338 0<br>(1.365 4) | 5.236 4<br>(0.457 5) |
| 经调整的 $R^2$ | 0.212 | 0.064 | 0.603 |
| $\rho$ | | 0.478 | |
| $\sigma$ | | 0.961 0 | 0.000 5 |
| $\phi$ | | | 0.03 |
| $\theta$ | | | 4.5 |

# 第5节 | Hsiao随机系数模型[B]

Swamy模型的一个自然延伸便是Hsiao(1975)模型。Hsiao模型包含一个横截面的均值估计量，也包含一个时间序列的均值估计量。模型的具体形式如下：

$$Y_{nt}=x_{nt}\beta_k+Z\mu_n+Z\lambda_t+e_{nt} \quad [5.17]$$

新的协方差将时间与横截面的效应整合到了一起：

$\Phi=WW'$，其中，$W=(Z\mu_n+Z\lambda_t+e_{nt})$。

其估计量与Swamy估计量类似：

$$\beta=(X'\Phi^{-1}X)^{-1}X'\Phi^{-1}Y \quad [5.18]$$

但这个估计量却没有那么明确。该模型需要相当大的$N$和$T$，因此当序列相关的效应被包括时，合并集并不包含简单转换矩阵。此外，参数$\mu_n$与$\lambda_t$的方差在通常情况下都是未知的，因此它们必须从样本中估计得到。Hildreth-Houck估计技术十分费时费力，因为残差方差必须由各个时间序列与横截面分别估计得到。一个替代性方法是将随机参数$\lambda_t$从模型当中排除并试图纳入固定的时间效应(作为截距项)，然后再从包含误差的固定效应的交互效应当中估计得到联合协方差。

任何合并回归的问题往往不会因为 Hsiao 模型所带来的困难而无法解决。事实上，一些最难解决的困难往往并不来自增加效率降低误差的尝试，相反，它们是在错误假设之下进行估计的结果。比如说，因变量的非线性或者是时间序列的不稳定性（nonstationarity）是合并集当中的特殊问题。[18] 当时间效应不是特别稳定的时候，随机系数模型作为一个合并回归模型具有特别吸引人的特性。当均值固定却未知又或者是斜率系数随机却不固定的时候，时间效应的稳定性便会受到威胁。让我们来比较表 5.6 当中对外交友好程度的估计值。

**表 5.6 贸易对外交友好程度效应的 Hsiao 估计**

| | OLS<br>$b$<br>(标准误差) | GLS<br>$b$<br>(标准误差) |
|---|---|---|
| 常 数 | 1.729 9<br>(0.302 1) | 3.558<br>0.544 0 |
| 友好程度 $(t-1)$ | 1.328 2<br>(0.156 7) | 0.272 7<br>(0.108 3) |
| 贸 易 | 6.469 9<br>(0.912 6) | 3.093 8<br>(1.801 1) |
| 经调整的 $R^2$ | 0.353 | 0.037 |
| $\rho$ | | |
| 美 国 | | 0.641 8 |
| 加拿大 | | 0.549 8 |
| 英 国 | | 0.417 2 |
| 法 国 | | 0.515 5 |
| 意大利 | | 0.476 5 |
| 日 本 | | 0.503 7 |

表5.6报告了贸易对外交友好程度效应的合并SUR Hsiao估计值与Hsiao-GLS估计值。滞后内生变量也被包括在了这个回归当中。Hsiao模型与Swamy模型相比只有很小的差异,因为在GLS的估计版本当中独立的$\rho$值会在各个横截面上被指定。而合并SUR的估计版本却仅仅只依赖一个$\rho$值来估计合并集当中的自相关。GLS版本的模型拟合程度往往不尽人意,但拟合程度上的劣势却换来了无偏性与有效性。与更加有效的GLS模型相比,Hsiao OLS模型所估计得到的贸易的效应要大一些。在此,我们需要再次提醒读者,当合并集包含数量特别多的横截面时,Hsiao估计值也许无法非常方便地得到。与Swamy估计值相比,Hsiao估计值要更具有效性且更具无偏性。比较拟合参数($R^2$)对于不同模型的敏感程度也许是十分困难的。因为每个模型都依赖对残差方差的特殊转换,因此严格来说,不同模型的$R^2$并不完全是可比的。因为$R^2$是多个相关系数的平方项,所以GLS的$R^2$对$\rho$的影响(即,回归中自相关过程的强度)特别敏感。对部分自相关函数(PACF)与自相关函数(ACF)进行诊断是对在替代性AR假设下确认这些系数的稳健性具有帮助的。稳健性是很容易因为非线性而丧失的,同时,在这个例子当中,最小二乘法的线性假设也许会破坏最小二乘估计的效用。对于非线性估计来说,一个比较好的替代方法是将理论问题重新改写成非线性形式,然后在不进行线性假设的情况

下重新估计这个新的形式(比如说,使用最大似然法)。然而,一个更加简单并且可以保留在最小二乘法框架内的办法是采用转换模型。

# 第6节 | 转换模型[B]

一个更加简单精确并且在非线性函数存在的情况下特别有价值的回归模型便是转换模型(switching model)。这类模型最先起源于电力工程领域,因为该领域经常需要使用离散方程来解释一些特殊并且无关的过程。在社会与行为科学领域,转换模型曾被用来解释社会选择,其中一个对选择模型广泛应用的研究问题便是有关加入工会的选择。

因其精确性与简洁性,对于合并回归而言,转换模型的作用是十分明显的。中心思想在于存在一些过程作用于合并集中的一些横截面,而另一些过程却作用于合并集中的其他横截面。这个方法之所以吸引人是因为合并时间序列通常都是一组无法观测到的相互关联过程,它们只有在横截面的方差当中才能被看到。转换模型允许研究者在理论层面而非实证层面对这些过程做出独特的假设。随后再直接根据理论设定进行估计。

对转换模型的估计需要依赖回归方程的拟合部件(fitting pieces),它们代表或近似表达了参数值由一种被关注的过程转换到的另一种过程之后发生的变化。这些值可以以一个时间函数或者是以一个(被忽略或是包括在回归模型之中的)其他变量或多组变量的函数发生变化。回归模型当中斜率系数或者是部件的不同转化选项被称为体制(regimes)。但是当体制受到无法观测的过程影响而这些变量又没有被包括在回归模型中时,转换模型的估计就马上变得棘手。对遗漏效应作过多的假设也许会导致估计过程难以驾驭。然而,当过程已知并且被正确地设定,转换模型便可十分良好并且简单地进行估计。对于一个合并时间序列而言,转换模型可被假设包含下面结构:

$$Y_{nt} = X_{nt}\beta_k + u_{nt} \qquad [5.19]$$

其中,$\beta_k = \beta + \delta_t$,并且如果有 $\delta_t < t_n$,$\beta_{kt} = \beta_1$;如果有 $\delta_t > t_n$,$\beta_{kt} = \beta_2$。

在这个模型当中,两种体制并没有“联结”在一起。如果要联结两种体制,我们需要额外的假设。

假设:

$$X'(\beta_1 - \beta_2) = 0 \qquad [5.20]$$

需要注意的是,等式 5.19 的体制是被决定的,因为这些参数值被固定等于 $\beta_1$ 或是 $\beta_2$。但这些值也可以是随机的,正如下面假设所阐释:

$$\beta_{kt} = \delta_t\beta_k + v_t \qquad [5.21]$$

转换模型的优点在于更加复杂的函数扩展形式(比如说,扩展到二次方或三次方多项式)也可以很容易地在最小二乘框架内实现。[19]让我们通过使用总统支持率的数据来比较两个转换模型——一个包含非随机假设而另一个包含随机假设。假设存在两个特殊过程分别决定了公众为何会支持或反对总统在特定时期内的行为。比如说,因为经济原因而反对却因为意识形态原因而支持。表5.7报告了转换模型两个合并回归的结果。第一个模型假设体制是由一个固定过程所决定的,而第二个模型则假设该过程是随机的。

表5.7给出了转换假设的具体形式。具体来说,非随机的版本由一个简单的虚拟变量模型体现,而随机版本则包含了一个交互效应。因变量由合并集中赞同总统在样本所有年份中特定月份里所作所为的个案比例所测量。OLS假设下的估计结果显示就整体拟合程度与对总统之前表现满意程度的效应而言,两个模型并没有太大差异。与随机假设相比,非随机假设(即,一个固定的参数值)会导致过程变量效应的较弱。这样的差异可被理解成同意或不同意的过程并不仅仅由一个"转换"而决定,它事实上也受该转换与之前行为的交互效应所影响(比如说,希望保持自己对总统看法的前后一致也许会妨碍受访者在同意与不同意的态度之间发生那样频繁与强烈的转换)。

表 5.7　民众对总统之前表现的满意程度对总统当前支持率效应的转换模型估计

| | 非随机<br>($bX_{nt}+d$)<br>（标准误差） | 随　机<br>($(b+d)X_{nt}$)<br>（标准误差） |
|---|---|---|
| 常　数 | 42.150 2<br>(0.625 4) | 44.136 9<br>(0.514 8) |
| 之前表现的满意程度 | 13.209 2<br>(0.211 7) | 12.059 5<br>(1.017 9) |
| 转　换 | 9.960 7<br>(0.222 4) | |
| 交互项 | — | 16.615 4<br>(1.656 6) |
| 经调整的 $R^2$ | 0.992 | 0.832 |

尽管转换模型可被简单看做是一个虚拟变量模型，但它却与之前所讨论的 LSDV 模型相等价。具体来说有两个原因。首先，LSDV 模型并没有对产生方差的过程做出任何假设；其次，LSDV 规定了一个预测行为将服从的线性函数项。相反，转换模型允许假设各种函数关系，包括那些非线性的关系。但更重要的是，转换模型允许更加直接地模拟那些在横截面水平上产生独特方差的过程。通过使用转换模型，横截面可被分组并分析这些组别是如何对方差产生影响的。

# 第7节 ARCH模型[C]

转换模型有时可以纠正非正态误差,但在通常情况下,非正态性反映了所有错误假设的总和。因此,就自相关基于异方差性的合并回归的例子而言,一组特殊的模型被研发出来。这组模型被设计包含一个协方差结构,该结构可以最好地体现其背后的异方差性。到目前为止,我们并不那么关注异方差的具体形式,但尝试更好地设定这类污染来源也是十分必要的。当误差项呈异方差性时,我们可以对协方差结构做出一系列的假设。我们考虑到在合并回归当中非常可能产生的一种特殊情况,即自相关与异方差存在相关关系。这便是自相关条件性异方差模型(autoregressive conditional heteroscedasticity model),简称ARCH模型。

在一个合并回归当中,我们通常会觉得想要在不做同方差假设的情况下模拟时间序列中的一个随机过程是十分困难的。而ARCH模型恰恰允许我们能在误差不包含同方差结构这样的假设下模拟一个随机过程。到目前为止，我们都是先纠正异方差性再估计合并回归模型，但这样的两步法要求假设自相关与异方差是不相关的。这样得到的估计值是无效的。我们现在想做的是在基于合并集异方差性的条件下来模拟时间的随机性。比如说，假设时间序列服从一个一阶自相关过程，但残差却倾向于在序列中特定的高值部分或低值部分聚集。自相关也许在序列的高值部分更加严重，又或者在低值部分我们还可以观察到一个与一阶过程不同的二阶过程。时间序列残差的方差在时间水平上并不恒定。我们由此可以判断一阶假设是基于合并集中的异方差性而存在的。

在 ARCH 模型当中，我们假设误差项之间以一些组合的形式彼此相关或彼此独立。到目前为止，在我们检验的所有随机系数模型里面，我们都假设那些会在时间序列水平产生变异的过程与那些会在横截面水平产生变异的过程是相互独立的。与此形成对比的是，在 ARCH 模型中，我们假设说两种过程会在彼此的误差结构当中相互关联。在模拟这种结构的时候，我们要为误差判定一种函数形式，并且在通常情况下我们需要提供一个理论解释来说明为什么误差对于一组横截面来说会服从一种特定的函数形式（比如说，滑动平均和自相关），而对于第二组横截面来说又会服从其他的函数形式，以此类推。然后，我们便可将各个横截面上的误差结构用为它们特殊设定的函数形式来表达了。

比如说，现在做出支持的决定也许是与以前的支持相关联的，因为也许个人一旦表达支持，他们便希望自己的行为能具有一致性。但从另一方面来说，反对却不具有这样的约束效应。因此，也许我们会更容易观察到一个“转换者”的人群。他们上一次支持，现在却醒悟，又或者是在当前阶段改变了支持的想法。简言之，群体当中的反对者在时间水平上不那么稳定，而这样的不稳定过程可以用多种不同的方式体现。转换过程的函数也许不是线性的，又或者即使是线性的，它可能也不是固定的。此外，由于与之前支持缺乏清晰的关系，这些自相关参数也许非常小又或者是根本不存在。对每一个组别过程进行诊断被再次证明是十分重要的，这样可以确定 AR 过程的形式以及转换体制的函数形式。

在 ARCH 模型当中，自相关过程依赖于一个误差点与另一个误差点之间接近程度的显著性。这种联结的结构可被非常轻易地从独特于合并集中每一组横截面的一阶过程扩展出去。为了估计一个 ARCH 模型，我们需要得到因变量与残差的条件性均值与条件性方差。从本质上来说，我们在尝试模拟对于上一个时间点，作为几个截距与一个斜率系数(两者都与自变量的值相关)的函数的误差项。对于 ARCH 模型所服从的一个非常简单的形式而言，自变量被假设服从一个包含均值为零以及单位方差的正态分布，但是分布的形态却取决于合并集中异方差的质量。比如说,我们也许希望能将表示支持的过程模拟成一个被删节的正态分布。对 ARCH 模型做出常规的正态分布假设之后,条件性均值与方差可被表达如下:

$$E[u_t \mid u_{t-1}]=0;\ Var[u_t \mid u_{t-1}]=\alpha_0+\alpha_1 e_{t-1}^2 \quad [5.22]$$

$$E[y_t \mid y_{t-1}]=X'_n\beta;\ Var[y_t \mid y_{t-1}]=\alpha_0+\alpha_1 e_{t-1}^2 \quad [5.23]$$

同时

$$\sigma^2=\alpha_0/(1-\alpha_1)$$

$\alpha_0$、$\alpha_1$ 与 $\beta$ 的一个(渐近性无效的)估计量可从最小二乘法中得到,尽管最大似然法可以得出一个更加有效的估计值。

当所模拟过程的异方差特性被假设服从正态分布的时候,ARCH 模型可被简化成为一个转换模型,或者被进一步简化为一个 LSDV 模型。更加复杂的 ARCH 模型的优点在于,如果 LSDV 模型及其假设被证明是无用的,那么 ARCH 模型可作为替代。ARCH 模型不是那种包含不同效应大小的单个过程(LSDV),也不是那种包含不同效应大小与不同方向的一个模型(转换模型)。相反,它允许存在包含特殊形式的多种过程,甚至包括那些大小与方向不是必然线性的过程。

# 第 8 节 | 随机系数模型的总结

对于合并回归而言，随机系数模型相当灵活。只要模型当中不同时存在几种过程，或者是不存在多于一个需要被估计的等式，那么几乎没有什么过程是不能被其囊括在内的。当在模拟结构等式、同步过程、从某种意义上说甚至是滞后内生变量或者是更加复杂的非线性形式的时候，随机系数模型必须做出调整从而反映出对假设的违背，这样它才能获得无偏并且有效的估计值。但是，没有人能够保证随机系数模型的表现在假设被违背时一定会比 OLS 或 LSDV 要好。有时候，实证的现实恰恰与此相反(即，在假设被违背的情况下，OLS 的估计值要比 GLS 的估计值更加稳健)。然而，有时在研究中我们必须对违背假设的情况作出矫正，而 GLS 似乎却无法解决这个问题。当存在多等式模型、复杂的滞后项结构或者是污染性滞后项的时候，情况尤其如此。在下一章，我们将讨论有关对合并回归具体顾虑的高级话题。具体来说，第 6 章将介绍结构方程模型以及使用最大似然法的估计。

# 第6章

# 结构方程模型[B]

到目前为止，本书关注的都是单等式模型，它们使用来自横截面与时间序列的合并集来估计模型当中的不同参数。但是社会科学与商业科学当中的许多问题并不仅仅包含一个等式而是一组联立方程组（system of equations）。尽管我们经常将滞后内生变量整合进等式右边的变量集当中，它们的存在却往往使合并回归当中的单等式模拟变得复杂。将滞后内生变量纳入模型往往会造成严重的误差，在很多情况下，它会妨碍估计的完全进行。内生性违背了线性模型的假设，即等式右边的变量与误差之间是不相关的。因为一个内生效应与回归误差相关，方差协方差矩阵是奇异矩阵并且无法进行转换从而得到因变量外生效应的估计值。[20]一个处理违背线性模型误差项独立性的简单而可靠的方法是采用两步估计法。两步估计量建立在对内生变量采用替代或工具（instrument）的基础之上。

# 第1节 两步估计[B]

让我们来考虑下面的等式：

$$Y_1 = \alpha_1 + x_1\beta_1 + x_2\beta_2 + \gamma_2 Y_2 + u_1 \qquad [6.1]$$

$$Y_2 = \alpha_2 + x_2\beta_2 + x_3\beta_3 + \gamma_1 Y_1 + u_2 \qquad [6.2]$$

为了发展该模型的合并估计量，我们首先应该纠正等式右边真正的外生效应与内生效应之间缺乏正交状态的情况。从直觉上来看，对于等式6.1当中的内生效应进行替代是一种合理的做法，这种替代与等式右边的变量不相关。这便是两步估计实现的基础。首先，一个工具变量作为一个内生变量的替代被提出。然后该工具被用来获取等式右边变量对等式左边变量效应的解。

这种方法的价值在于两步估计可在最小二乘法的框架内被实现。而两步估计的缺点又在于其估计值对于样本量非常敏感(Judge et al., 1985)。由于忽略了包含在协方差矩阵中的信息，两步法的估计量仍然是有偏的。前一个问题可以通过扩大合并集的样本量而略为解决，而后一个问题则需要将协方差矩阵的信息纳入考量。如果结构方程模型包含一个滞后变量（不管是否是内生的），那么对于合并回归而言第三步就显得尤为重要。

## 简化形式[B]

联立方程组模型（simultaneous equation models）的核心问题在于识别。在理想状态下，模型识别必须得回答研究者所关心的两个问题。首先，联立方程是否有解？其次，该联立方程组是否有唯一的解？通过采用最简单的或简化的形式（reduced form）来确定矩阵的秩（rank）和阶（order），这两个问题可以得到解答。[21]简化形式的方程将联立方程组重铸成为一系列可以概括系统内关系的变量与参数。

对于等式 6.1 的例子而言，简化形式呈下面的结构：

$$Y\Gamma + X\beta = E \tag{6.3}$$

$$Y = -XB\Gamma^{-1} + E\Gamma^{-1} \tag{6.4}$$

$\Gamma^{-1}$代表内生变量对等式 6.1 中右手边效应的参数的矩阵。

## 工具性最小二乘法[B]

现在，我们需要通过工具性最小二乘法来估计 $\Gamma^{-1}$。我们可以使用冲突的数据，通过对完整集做如下回归从而产生第一步的工具：

$$Y_1^* = x_1\beta_1 + x_2\beta_2 + x_3\beta_3 + u_1 \qquad [6.5]$$

随后再从等式6.1中的内生效应 $Y_1$ 的OLS回归当中产生一个新的变量。这个新变量便是一个工具,它在第二步将被放到旧变量 $Y_1$ 的位置。

$$Y_2 = \alpha_2 + x_2\beta_2 + x_2\beta_2 + Y_1^* + u_2 \qquad [6.6]$$

在加入滞后内生变量之后,再考虑同样的问题则变得十分有趣。为了做到这点,让我们将等式6.1改写为下面形式:

$$Y_1 = \alpha_1 + x_1\beta_1 + x_2\beta_2 + \lambda_2 Y_{2(t-1)} + u_1 \qquad [6.7]$$

$Y_{2(t-1)}$ 代表变量 $Y_2$ 一个时期的滞后项。

加入滞后内生变量之后导致误差存在自相关,因此我们现在有必要考虑方差协方差矩阵当中的信息从而对模型进行正确估计。其中一种由Malvinaud(1970)所提出的方法指出,可以将滞后外生变量看做是工具的一部分而放入第一步,然后再像估计其他两步模型那样来估计第二步。更加正式来说,这种方法将这样操作:

$$Y_{nt} = x_1\beta_1 + x_2\beta_2 + x_3\beta_3 + \gamma_1 Y_{nt}(t-1) + u_{nt} \qquad [6.8]$$

工具由下面方法得到:

$$Y_{n(t-1)}^* = x_1\beta_1 + x_1\beta_{1(t-1)} + x_2\beta_2 + x_2\beta_{2(t-1)} + x_3\beta_3 + x_3\beta_{3(t-1)} + u_{nt} \qquad [6.9]$$

在我们进行更深入的讨论之前，让我们来比较到目前为止所讨论的两种同步等式模型的估计值：一个包含滞后内生变量，另一个不包含滞后内生变量。表 6.1 报告了这种比较。

**表 6.1　贸易对外交友好程度效应的两步 OLS 估计值**

| | 包含滞后内生项<br>*b*<br>（标准误差） | 不包含滞后内生项<br>*b*<br>（标准误差） |
|---|---|---|
| 常　　数 | −0.453 2*<br>(0.493 1) | −0.4119<br>(0.534 3) |
| 贸易的工具变量 | 1.617 2<br>(0.284 0) | 2.357 8<br>(0.264 2) |
| 友好程度 $(t-1)$ | 0.356 6<br>(0.070 2) | — |
| 经调整的 $R^2$ | 0.451 | 0.355 |
| 合并 Durbin-Watson *d* 值 | — | 1.12 |

注：* 当工具当中的一些变量（在这个例子中，实际国民生产总值）与友好程度呈负相关时，应为加入工具变量而导致的符号变化。

表 6.1 报告了两种不同的回归所得到的结果。第一组回归估计值是贸易对外交友好程度效应的两步 OLS 估计值。当贸易直接与外交友好程度相关时，贸易本身也会和开发程度、全国产品、进/出口结构以及世界价格相关。因此，在第二步当中，我们可以使用一个工具来作为贸易的替代，从而直接估计其对冲突所作的回归。

结果显示引入工具之后截距项的方向改变了。这样的改变可被经常观测到，因为工具是由其他两等式模型中所有的右手边变量得到的，其中一些效应很有可能会互相抵消。在这个例子当中，国民生产总值也许是问题的所在。当进出口贸易的总额对外交友好程度呈正向效应时，实际国民生产总值(也许可以代表权力或财富)可能恰恰会呈现一个相反的效应。当滞后项存在时，这个例子当中的工具仍然表现得相对稳健。

在随机系数模型(Swamy)的适当假设之下，我们做了另一组相似的回归。这些结果被报告在了表6.2当中。

**表6.2　贸易对外交友好程度效应的两步Swamy估计值**

| | 包含滞后内生项的 | | 不包含滞后内生项的 | |
|---|---|---|---|---|
| | GLS | GLS-ARMA | GLA | GLS-ARMA |
| | *b*<br>(标准误差) | | *b*<br>(标准误差) | |
| 常　　数 | 1.115 7<br>(0.101 2) | 0.979 7<br>(0.034 3) | 1.132 2<br>(0.943 3) | 0.984 7<br>(0.105 2) |
| 贸易的工具变量 | 1.363 1<br>(0.008 5) | 1.353 6<br>(0.006 1) | 2.293 1<br>(0.008 8) | 2.299 4<br>(0.003 3) |
| 友好程度 $(t-1)$ | 0.384 0<br>(0.003 5) | 0.388 3<br>(0.002 5) | — | — |
| 经调整的 $R^2$ | 1.0 | 1.0 | 0.998 | 0.998 |
| $\rho$ | | 0.002 | | 0.048 |

表6.2报告了包含或者不包含滞后项以及包含或者不包含AR(1)过程假设的Swamy估计值。在这个例子当中，工具由经残差加权的变量获得。鉴于是反映滞后项影响的估计值，这个工具的估计值表现得相当稳健。在Swamy模型当中，截距项又一次呈正向效应并且在统计上

是显著的。由于残差方差被用作提高模型的预测能力，此处的 $R^2$ 并不能有意义地反映出模型的整体拟合程度。但是，独立效应却可像任何其他回归系数那样被理解。因为 Swamy 估计值与该模型 ARMA 版本的估计值较为接近，这也许表明这个回归模型并没有被自相关所污染。

## 两步估计的总结[B]

对结构方程模型进行识别是构建模型与估计参数的重要组成部分。对于识别不足的模型(under-identified model)来说，识别通常是通过加入工具而实现的。但是，这样达成识别的方式也会产生严重的后果。Judge 等人(1985)就这一点做出了如下评论：

> *当等式右边 $n$ 个内生变量的工具数量增加时，工具变量估计量的密度会包含更多的误差[p.613]。*

除了误差，还可能会造成模型的过度识别(over-identification)，这样结构方程便不再存在唯一的解。当过度识别存在时，有一些适当的检验可以使用。[22]

在通常情况下，工具会与所包含的变量存在共线性，这样的话最小二乘估计量便不能被使用了。这时需要用到其他一些更合适的方法进行估计，比如说最大似然法。

但是，这样仍然不能保证能为识别问题找得一个独特的解。如果回归当中存在多重共线性的问题，那即使采用最大似然估计法也将无济于事。两步估计确实不是解决合并集当中内生性或非线性的最好方法，因为背后的误差结构过于复杂从而造成了难以解决的问题。但从另一方面来说，最大似然估计法也可以处理一些相对简单的估计问题，这些方法不会因为数据矩阵同时包含横截面及时间序列便变得无效。在更广泛使用的模型当中，需要依赖最大似然估计法的往往都是非线性模型。

# 第2节 | 最大似然估计[B]

尽管最大似然法的估计量并不总是我们的选择，在合并时间序列集当中，它的渐近特性却通常要超过最小二乘法的估计量。最大似然估计量确实更加有效，但一个时间序列集却往往过于异质性以至于研究者们对无偏性的考虑往往要优先于有效性的考虑。虽然每个合并集都是独特的，但在这一部分我们先挑出一组有效的估计量进行讨论。当分布特性要求使用最小二乘估计量但这又不适用于合并时间序列的情况时，这些估计量的存在显得尤为重要。最大似然法在所观察到的样本分布呈非正态性以及误差项不是独立且相等分布(iid)的时候优势尤其明显。具体来说，这种优势会在存在异方差性、线性依赖以及自相关的时候产生。

最大似然法是一种会从目标方程(objective function)当中产生参数估计值的估计方法。所谓目标方程，指的是一个有关一组自变量与一个因变量关系的陈述。在最小二乘法的条件下，一个目标方程对实际值到预测值距离的剩余方差平方的总和(the sum of squared residual variance)进行最小化。而最大似然法的标准则要求将生成所观测样本的概率进行最大化。当样本包含所有必要的信息来生成一个回归模型当中的未知参数 $\beta$ 与 $\sigma^2$ 时,我们将这种方法称为完全信息最大似然(full information maximum likelihood, FIML)估计法。FIML 估计量的方差协方差矩阵实际上是一个信息矩阵,该矩阵为检验估计值的显著性提供了一个范围。[23]

最大似然估计量由一个目标函数推导得到,并且它的取值在一系列未知参数取最大值的时候得到。比如说,让我们来考虑下面这个目标函数:

$$L(Y_{nt} \mid X_{nt}\beta_k) = P(Y_{nt} \mid X_{nt}) \qquad [6.10]$$

等式 6.10 表明 $Y$ 基于 $X$ 的似然(likelihood)等同于其在样本中出现的概率。现在我们必须对样本分布做一个合理的假设。可以做这样的假设便是 MAXL 与 FIML 如此吸引人的原因。如果已知样本并不服从正态分布,我们从一开始便可以做出这样的假设。当因变量不是连续的时候,MAXL 极其有优势,因为当分析是有关选择一个离散类别中的一个而非连续统中的一个值时,这种情况常常会出现。

# 第 3 节 | LOGIT 与 PROBIT 设定[B]

对于我们在等式 6.10 中的例子，我们感兴趣的是得到两个未知参数 $\beta$ 与 $\sigma^2$ 的估计值。让我们将这两个未知数代入一组被称作 $\theta$ 的未知数。$\theta$ 的逆矩阵（即 $\theta^{-1}$）是 ML 估计量在分布假设之下的方差协方差矩阵的一个近似。两个最常见的分布假设是（1）$\theta^{-1}$ 呈正态分布，这会需要进行 LOGIT 设定；（2）$\theta^{-1}$ 以一个概率单位（PROBIT）进行分布。

选择 LOGIT 或是 PROBIT 设定归根结底是一个有关因变量正态类别之间关系的函数。在许多应用当中，这些正态类别反映出这些选项要独立于所有其他选项。这通常被称为独立性或者是无关替代性，同时这也是 LOGIT 模型的假设。PROBIT 模型不需要这样的假设，而且因为这个原因 PROBIT 经常被选作设定方式。我们只需举一个非常简单的例子便可说明这个假设造成的差别。比如说，选择赞同或是反对总统在特定时间点上的表现。我们可以简单地假设说，这些选项与调查当中任何第三种替代性（比如说，既不赞成也不反对）都是独立的。或许这是因为第三种替代并不存在，又或许是因为即使第三种替代存在，(独立的)个体仍然会受到压力仅仅在赞成与反对之间做出选择。在这个假设之下，LOGIT 模型会是合适的。然而，如果第三种替代的存在(既不赞成也不反对)会改变原先另外两种选项的分布，那么 PROBIT 设定便会更加合适。无论是哪一种情况，模型都是一目了然的。

LOGIT 模型可被写做下面一个 $X'\beta$ 的函数：

$$F(X'_{nt}\beta_k)=1/(1+e^{-x'\beta}) \qquad [6.11]$$

PROBIT 则可被表示为如下函数形式：

$$F(X'_{nt}\beta_k)=\int_{-\infty}^{X'\beta}(1/\sqrt{2}\pi)\varepsilon^{-t^2/2}dt \qquad [6.12]$$

对于只存在两个选项的情况，让我们来考虑下面等式：

$$Y_{nt}=X_{nt}\beta_k+e_{nt} \qquad [6.13]$$

在这个例子当中，$Y_{nt}$ 只有两个可能的取值，但这个模型可被扩展为包括更多因变量取值的版本。[24] 我们的目标是通过一系列外生变量来预测这两个取值的其中一个。等式 6.12 中给出的质性变量模型将在时间序列合并集中被估计。我们首先将外生变量集 $X'\beta$ 转化为一个分布的概率。然后我们便可模拟观测到 $Y_{nt}$ 出现其中一个取值的概率，这既可作为外生效应的一个函数，又可作为观测到外生变量对因变量进行索引而获得的一系列取值的概率。让我们通过下面这条等式来分析这样的一个模型：

$$Pr(Y_{nt}=1 \mid S_i)=Pr(S^* \leqslant S_i)=F(\chi'_{nt}\beta_k) \quad [6.14]$$

其中,$S^*$是一个反映合并集中特性的随机变量(或指数)。基于中心极限定律(central limit theorem),我们可以假设$S^*$是一个呈正态分布的随机变量,因此$Y_{nt}$其中一个取值出现的概率便可被看做是一个正态累积密度函数(normal cumulative density function, NCDF)。Logistic CDF 通常被看做正态 CDF 的近似,因为在数理上前者更为简单。

$$F(X'_{nt}\beta_k)=1/(1+\exp(-X'_{nt}\beta_k)),$$
$$\text{其中} -\infty < X'_{nt}\beta_k < \infty \quad [6.15]$$

有关因变量的另一个选项便是$1-F(X'_{nt}\beta_k)$,现在我们便可实现似然函数最大化:

$$L=\Pi[F(X'_{nt}\beta_k)]^{Y}_{nt}[1-F(X'_{nt}\beta_k)]^{1-Y}_{nt} \quad [6.16]$$

这个函数虽然明显很简单,却存在一些问题,因为此时我们是在尝试在一个时间序列集当中进行估计。在这种条件下,有两种不同的估计方法可被采用。首先,因变量名义上的类别(替代)也许不会随一个横截面到另一个横截面及/或一个时间点到另一个时间点发生变化。在这个例子当中,LOGIT 模型是一个合适的选择。但是,更可能的情况是,这些选项会随横截面发生变化,却不会随时间点发生变化。但是,选项中的误差也许会通过一个自相关过程而与时间点相关联。如果是这样的话，我们可以使用标准步骤来纠正这种情况。

当 $\beta_k$ 在一个离散因变量模型当中随时间序列及/或横截面发生变化的时候，我们可以方便地将这样的问题看成是一个连续与离散成分的综合体。其中离散的成分来自因变量，而连续的成分则来自外生效应。一个离散因变量模型可通过任何我们所讨论过的适用于连续因变量模型的技术进行估计，唯一的区别在于，此时不再存在可从估计量方差当中获得估计值的一个近似连续的函数。事实上，这时的分布是一个离散与连续函数的组合。在大样本（$n$ 和 $t$ 特别大）当中，这不会成为一个问题，但是在小样本当中，采用最大似然技术是更加贴切的。表 6.3 呈现了对外交友好程度 MAXL 估计的例子。在这个表中，我们估计的是外交友好或敌意出现的概率在贸易存在时显著不同的情形，而非外交友好或敌意出现的概率在贸易存在时碰巧不同的情形。在表 6.3 报告的第一组结果当中，我们假设说个别决策者的选项（表现友好或是敌意）与任何其他第三种替代（比如说，不表态）是独立的，此外，这些选项在整个时间序列当中大致是保持相同的。然而，这些选项却可以在横截面水平上（在这个数据当中指的是 6 个国家）发生变化，而且时间上的误差也许是相关的。第二组结果没有假设不相关替代之间的独立性。PROBIT 设定被用在第二列从而反映出第三个替代的存在是如何影响前两种选项存在的概率的。

**表 6.3 贸易对外交友好程度效应的 LOGIT 和 PROBIT 估计 ***

| | LOGIT<br>$b$<br>（标准误差） | PROBIT<br>$b$<br>（标准误差） |
|---|---|---|
| 常 数 | 1.961 5<br>(0.643 4) | 1.367 0<br>(0.726 6) |
| 友好程度（$t-1$） | 0.383 7<br>(0.103 8) | 0.471 9<br>(0.123 3) |
| 贸 易 | 5.109 2<br>(1.230 3) | 5.890 3<br>(1.371 2) |
| 经调整的 $R^2$ | 0.709 | 0.771 |

对于这里的数据来说，LOGIT 和 PROBIT 设定所得到的贸易对外交友好程度效应的估计值非常接近。因变量原本的取值范围落在 0.0 到 6.11 之间，其算术均值 4.2 被用作 LOGIT 与 PROBIT 估计所需要的两分变量的临界值。即使存在滞后项，这些数据也没有受到序列相关的污染。我们可以清楚地看到，这种非线性设定很好地适应了对外交友好程度所做的非线性处理。此时，$R^2$ 不能被理解成一个模型整体拟合程度的参数，它仅仅代表一种特定选择出现的概率。在这个例子中，因变量被划分为友好程度的两个类别（大于均值所表示的高友好程度以及小于均值所表示的低友好程度）。所得系数可被理解成在回归等式中各个变量存在的情况下，出现其中一个友好程度类别（高或低）的概率。

* 原书表 6.3 标题有误，译者根据文字内容纠正。——译者注

# 第4节 | 最大似然法的总结[B]

在一个时间序列集中，任何增加估计过程复杂性的做法都会导致更长的计算时间以及更高的估计成本。鉴于最大似然法是一种迭代性技术，如果在研究当中需要用到这种技术的地方增多，成本也许会很大。在这里举的例子中，使用不同模型得到的效应大致相同，这是因为每个模型背后的假设都是大致可信的。但是，如果研究者在估计的过程当中发现对同一模型做细微变化就会导致效应很大的不同，那么他/她便应该重新考量模型背后假设的可信程度。在许多情形下，一个简单的纠正（比如说做一个非线性形式的更改）便可以解决问题。但在一个时间序列集中，非线性可能会隐藏在异方差当中从而导致经过很多轮估计都没被发现。也许，在所有的这些当中，最重要的是研究者自身对所选择的估计过程的自信。因此，我们的研究事业需要建立在对估计值进行稳健性检验的基础之上。

# 稳健性检验：这些估计值有多好？[A]

对估计函数进行稳健性检验不会妨碍在时间序列集中估计参数这项计量经济学任务。稳健性通常指的是当错误假设存在时(比如说,正态性分布,误差包含不可观测效应,或是对误差结构的误设),所得估计值的可靠程度。我们都非常熟悉使用假设检验作为手段来为已有理论提供支持。理论可以是完全有效的,但经验数据却不一定支持这些假设。通常来说,如果出现这样的情况,那是因为有关样本的一个或一组假设出错了。于是,我们所希望的是在最理想的情形下,我们使用的统计以及估计函数即使在假设错误的情况下都仍然适用。因为所得到的模型拟合统计值、显著性检验以及估计量不因受到污染而发生质的变化,所以它们被称为是稳健的(robust)。在许多情形下,稳健性并不能被假设,相反,其必须如同我们建立一种检验的解释力那样被建立起来。在下一部分,我们将讨论如何实际地建立起合并集中估计量、检验以及统计值的稳健性。

# 第1节 稳健性估计函数[B]

合并集中的稳健性直接与残差有关。目前有好几种达到稳健性的途径,但它们都要求对残差进行检验。这其中的核心思想在于我们需要最小化由极端值所造成的污染同时又不完全忽略这些数据点所产生的影响。我们可以通过将实际残差替换为一个估计值从而实现对残差的调整。最小二乘法在处理非正态分布的数据时表现并不稳健,因此我们需要特别考虑究竟应如何折扣残差才能比最小二乘法将它们折扣的更多。在最小二乘法的假设之下,简单地通过正态化残差来实现估计值的标准化会使得对所有估计值的处理都是等同的,这将导致对残差按常数比例进行折扣。我希望讨论到了这一步,我的读者能够明白这样的假设在合并时间序列当中并不是特别有用。事实上,每一个横截面都应以自己独特的方式贡献于总体的污染。而调整残差从而建立起更稳健的估计恰恰是为了通过挑选出哪些残差应比另一些残差折扣更多来揭示具体横截面的特殊贡献。比如说,Huber(1981)提出了一种方法，该方法将落在设定分布之外的残差值用一个人为设定的值替代。这种调整残差的方法被称作修饰（winsorizing）残差法。

## 修饰残差法

修饰残差法是一种将污染效应调整到近似假设分布的一种调整技术。在具体应用当中，Huber（1981）提出了一种虚假最大似然技术（pseudo maximum likelihood technique）来生成修饰残差，但幸运的是，一种计算上更加简便的方法也是可行的。Judge 等人（1985：831）推荐使用残差离散程度的常规测量来作为修饰的临界值，比如说使用残差中位数的绝对值。让我们思考使用下面的等式来修饰残差：

$$\text{如果 } Y - X'\beta < -c\sigma,\ U^* = -c\sigma \qquad [7.1]$$

$$\text{如果 } Y - X'\beta \leqslant -c\sigma,\ U^* = u$$

$$\text{如果 } Y - X'\beta > c\sigma,\ U^* = c\sigma$$

Judge 等人（1985：831）提出常数 $c$ 通常应取值 1.5 左右，从而反映正态分布假设。在这种情况下，$\sigma$ 没有实质性的意义，但可以起到统计上的作用来调整残差。$\sigma$ 的值是随意选择的（比如说，可以选择残差项的中位数），然后它可被用作开启解开最大似然等式的迭代性过程。该值可被最小二乘法或是 ARMA 估计非常简单地生成。当 $\sigma$ 的估计值渐近性收敛时，我们便得到了可以用作调整残差临界值的最大似然解。表 7.1 报告了使用外交友好程度的数据所得到的修饰残差的值并将其与 OLS 残差做比较。

**表 7.1　用贸易对外交友好程度做回归所得到的 OLS 与两步法残差的原始值与修饰残差值**

| | OLS 残差 | | 两步法残差 | |
|---|---|---|---|---|
| | 原始 | 修饰 | 原始 | 修饰 |
| | 0.826 | 0.803 4 | 2.723 | 0.773 2 |
| | −0.532 | −0.531 7 | −0.547 | −0.547 1 |
| | −0.078 | −0.078 5 | 0.417 | 0.416 7 |
| | −0.078 | −0.078 5 | 0.060 | 0.059 9 |
| | 0.748 | 0.748 4 | −1.014 | 0.773 2 |
| | −0.583 | −0.583 4 | −0.560 | −0.560 0 |
| | 0.984 | 0.803 4 | 1.396 | 0.773 2 |
| | 0.316 | 0.316 3 | 0.235 | 0.235 3 |
| | −0.330 | 0.330 5 | −0.193 | −0.192 9 |
| | −0.532 | −0.531 5 | −0.224 | −0.224 1 |
| $\sigma$ | 0.535 6 | | 0.515 5 | |
| $c$ | 1.5 | | 1.5 | |

表 7.1 中的残差值是经过调整的，同时这种调整所带来的影响被报告在表 7.2 中(该表比较了 OLS 与修饰 OLS 对外交友好程度的估计值)。结果显示，经过修饰，效应的强度以及模型的整体拟合程度都有所提升。另一个使用相同数据的展现修饰残差效应的例子被报告在表 7.3 当中。但这一次，比较是在两步结构模型的框架内进行的。原始的两步估计值与经过残差修饰的估计值被用来做对比。通过这些比较，也许最令人印象深刻的是这些系数所

表现出的稳健性。修饰残差法为是否存在异方差性与极端值污染提供了宝贵的检验。

**表 7.2 贸易对外交友好程度效应的 OLS 与修饰残差的 OLS 的回归估计值**

| | OLS<br>$b$<br>(标准误差) | 修饰残差的 OLS<br>$b$<br>(标准误差) |
|---|---|---|
| 常　　数 | 2.476 4<br>(0.206 7) | 1.501 5<br>(0.600 6) |
| 贸　　易 | 4.054 6<br>(0.413 7) | 8.989 8<br>(0.047 0) |
| 经调整的 $R^2$ | 0.399 | 0.996 |
| 合并 Durbin-Watson $d$ 值 | 1.23 | 1.63 |

**表 7.3 贸易对外交友好程度效应的两步 GLS 与修饰残差的两步 GLS 的回归估计值**

| | GLS | | | |
|---|---|---|---|---|
| | 原始 | | 修饰 | |
| | 滞后内生项 | | | |
| | 包含 | 不包含 | 包含 | 不包含 |
| | $b$<br>(标准误差) | | $b$<br>(标准误差) | |
| 常　　数 | 1.115 7<br>(0.101 2) | 1.132 2<br>(0.943 3) | 1.468 4<br>(0.119 9) | 1.489 2<br>(0.946 1) |
| 贸易的工具变量 | 1.363 1<br>(0.008 5) | 2.293 1<br>(0.008 8) | 1.363 3<br>(0.010 0) | 2.293 3<br>(0.008 8) |
| 友好程度 $(t-1)$ | 0.384 0<br>(0.003 5) | | 0.384 0<br>(0.004 1) | |
| 经调整的 $R^2$ | 1.0 | 0.998 | 1.0 | 0.998 |

# 第 2 节 | 异方差性与稳健性[A]

一个估计量的稳健性会因为残差当中存在极端值而削弱，但污染也有可能来自其他非恒定方差的系统性原因（即，存在异方差性）。在一个时间序列集中，一些序列或是一组序列也许会使有关同质性误差的假设变得无效。因此，有关异方差性的检验变得格外有用，因为它们能够帮助我们确认污染的来源。其中一个确认污染来源的方法是随机性选择时间序列并将一个序列的方差与合并集中另一个序列的方差做对比。现在的统计软件通常都包含可以十分容易生成随机时间序列的随机数字函数（尤其是当时间序列的数量特别大的时候）。我们可以一次从合并集当中移除一个序列，然后在每次一个序列被移除之后重新估计回归模型。当我们比较由这种方法产生的估计值时[该方法被称作刀切法(jackknifing)]，我们便可以评估所得估计值的稳健性。

## 刀切法[B]

尽管做出了额外的努力，刀切法却是一种无法为污染来源或污染序列效应得到统计性确切结果的一种方法。在一个时间序列集当中，常见的情况是受污染的结果往往并不来自一个单独的序列而是来自一个横截面中的所有序列。在这种情形下，我们可以使用经过修正的刀切法。此时，刀切法会将所有同一时间点的序列分开进行考虑，具

**表 7.4 贸易对外交友好程度效应的刀切法回归估计值**

| | OLS<br>$b$<br>（标准误差） | LSDV<br>$b$<br>（标准误差） | Swamy-GLS<br>$b$<br>（标准误差） |
|---|---|---|---|
| 常 数 | | | |
| （不包含） | | | |
| 美 国 | 1.450 5(0.053 9) | — | 2.906 5(0.648 0) |
| 加拿大 | 1.728 7(0.295 8) | — | 3.061 2(0.578 7) |
| 英 国 | 1.640 2(0.282 3) | — | 2.835 8(0.663 9) |
| 法 国 | 1.682 7(0.293 2) | — | 2.904 8(0.646 4) |
| 意大利 | 1.651 2(0.290 2) | — | 3.032 8(0.653 8) |
| 日 本 | 2.085 1(0.345 9) | — | 3.923 4(0.657 6) |
| 贸 易 | | | |
| （不包含） | | | |
| 美 国 | 2.846 3(0.102 9) | 0.989 9(0.689 2)* | 3.488 9(2.068 8) |
| 加拿大 | 1.728 7(0.295 0) | 1.168 6(0.553 5) | 3.205 3(1.201 4) |
| 英 国 | 3.153 0(0.507 2) | 1.130 1(0.689 8) | 3.088 2(1.549 6) |
| 法 国 | 2.919 7(0.528 3) | 1.016 6(0.725 5)* | 2.811 6(1.553 2) |
| 意大利 | 3.075 7(0.536 0) | 0.857 5(0.767 9)* | 2.759 2(1.470 1) |
| 日 本 | 2.579 7(0.552 2) | 0.094 1(0.771 8)* | 1.195 7(1.455 1)* |
| 友好程度 $(t-1)$ | | | |
| （不包含） | | | |
| 美 国 | 0.373 0(0.148) | 0.144 5(0.089 3) | 0.261 3(0.113 7) |
| 加拿大 | 0.348 2(0.074 1) | 0.111 5(0.079 5) | 0.276 0(0.103 7) |
| 英 国 | 0.269 2(0.078 9) | 0.098 4(0.082 9)* | 0.261 0(0.124 3) |
| 法 国 | 0.294 2(0.079 1) | 0.096 0(0.083 1)* | 0.243 9(0.112 9) |
| 意大利 | 0.209 3(0.079 9) | 0.080 7(0.083 5)* | 0.216 2(0.118 0) |
| 日 本 | 0.272 3(0.081 0) | 0.034 8(0.082 7)* | 0.143 4(0.116 3)* |

注：* 代表这些估计值不稳健，因为它们在统计上并不显著。因为篇幅原因，我们没有报告 LSDV 模型的单位效应。

体来说,要考量它们在不同回归模型在不同假设之下所得到的估计值的敏感性。表7.4比较了使用刀切法估计得到的OLS、LSDV以及Swamy模型的估计值。因为篇幅的原因,我们没有报告出LSDV模型的单位效应。

通过表7.4的比较我们可以了解到LSDV模型估计出的效应缺乏稳健性,但OLS与Swamy模型在不同横截面上的表现都非常好。唯一的例外是编号为740的那个个案,即日本。这个效应很可能是因为日本最近才成为主要贸易伙伴(要记得我们的时间序列可以一直追溯到1950年)所造成的。总的来说,刀切法仍然只能作为检测污染源与稳健性的一个向导,它应该与其他更具统计性的检验(比如说本书第3章所提到过的Goldfeld-Quandt检验)一起被考量。让我们通过这个主题再次说明进行异方差检验对于确立估计值稳健性的重要程度。

## 异方差检验[A]

Goldfeld & Quandt(1972)提出了一种步骤非常简单但在统计上却十分有用的异方差检验。首先,将观测值(在我们的例子中指的是序列)按照它们的方差大小进行排列。每一个横截面都会包含一个时间序列,我们将时间轴上方差较小的横截面由那些在时间轴上方差较大的横截面中挑出。我们也可以按照年份来排列方差,然后再将

(一个特定年份内的)所有的横截面按照方差由小到大的顺序进行排序。Goldfeld-Quandt 检验排除了一些中间位置的观测值,这样做是为了假设比率中两组观测值的残差相互独立。[25]然后我们可以使用由两个单独回归得来的受限 $F$ 检验(restricted $F$ test)来确认异方差性。对于一个个案数为 30 的样本来说,Goldfeld-Quandt 检验会忽略四个观测值。

在一个合并集中,究竟有多少个观测值被忽略并不能很直观地得到。因为一个合并集事实上是异方差性的堆叠,单独的时间序列与序列组都需要被作为污染来源而进行检验。合并集首先应该根据升序方差进行排列,同时如果在理论上有合理的解释说序列组可被排除,那么我们便可以将序列组排除。比如说,当我们在分析 LSDV 模型的时候,我们指出加入一个虚拟变量也许可以捕捉到一些外生效应所不能解释的方差。此时,研究者可以也必须对可由虚拟变量捕捉到的效应(作为一个污染源)进行存在同质性方差这一虚无假设的检验。这是一个检验由 LSDV 模型所得系数稳健性非常简单却有效的方法。在我们的例子中,我们也许应该考虑将 20 世纪 50 年代从总统支持率的数据中删除,因为那个特定时期社会上弥漫的反共产主义情绪也许能达到为政府减压的效果。

假如说不明确存在删除数据的理论依据又该怎么办呢?那么,从方差排列顺序的中间部分删除一小部分观测值(序列组)依然是一种合适的做法。这种检验以及其他有关异方差性的比率检验都属于 Szroeter(1978)所归纳的检验类型。这些统计检验值与在未发现自相关情况下的

**表 7.5 对总统之前表现的满意程度对当前总统支持率回归效应的异方差检验结果**

| 年 份 | $\sigma^2$ | $\ln(\sigma^2)$ | $\ln(\sigma^2)*(T_i-1)$ |
|---|---|---|---|
| 1984 | 0.000 1 | −9.91 | −101.30 |
| 1960 | 0.000 2 | −8.52 | −93.69 |
| 1965 | 0.000 2 | −8.52 | −93.69 |
| 1954 | 0.000 3 | −8.11 | −89.23 |
| 1958 | 0.000 3 | −8.11 | −89.23 |
| 1970 | 0.000 3 | −8.11 | −89.23 |
| 1959 | 0.000 4 | −7.82 | −86.07 |
| 1962 | 0.000 4 | 7.82 | −86.07 |
| 1982* | 0.000 4 | −7.82 | −86.07 |
| 1978* | 0.000 9 | −7.01 | −77.14 |
| 1983 | 0.001 0 | −6.91 | −75.99 |
| 1966 | 0.001 4 | −6.57 | −72.28 |
| 1967 | 0.001 5 | −6.50 | −71.53 |
| 1969 | 0.002 2 | −6.12 | −67.31 |
| 1973 | 0.003 1 | −5.78 | −63.54 |
| 1979 | 0.006 7 | −5.01 | −55.06 |
| 1981 | 0.008 0 | −4.83 | −53.11 |
| 1974 | 0.017 7 | −4.03 | −44.38 |

$\Sigma 1 = 0.045\,1$　　　　$\Sigma 2 = -1\,394.92$

Goldfeld-Quandt $R$ = (剩余平方和(后半部分))/(剩余平方和(前半部分))。

Bartlett's $M = ((T-m)R1-(T_i-1)R2)/1+(0.33(m-1))*(m(1/T_i-1)-1/(T-m)$

其中：$T=216$；$T_i=12$；$m=18$)。

Goldfeld-Quandt $R = 8.910\,1/0.412\,6 = 21.595$(拒绝 $H_0$ = 方差同质性)

Bartlett's $M = 148.73$(拒绝 $H_0$ = 方差同质性)

注：* 该年份在 Goldfeld-Quandt 检验中被省略。

Durbin-Watson 检验统计值用法类似。然而，正如 Durbin-Watson 检验统计值，Szroeter 检验统计值的不确定区域使其很难拒绝虚无假设。诸如 Goldfeld-Quandt(1972)或 Thiel(1971)等比率检验并不能保证得出检测异方差性的确切证据，但它们确实是检测过程当中的重要环节。表 7.5 报告了有关总统支持率数据的检验结果以供分析。

表 7.5 显示，无论是计算上较为复杂的 Bartlett 检验还是 Goldfeld-Quandt 检验，都显示出这些数据里面存在异方差性。在 Goldfeld-Quandt 检验的比率当中，其分子包含了合并集中较大的方差。在这个例子中，这些检验清楚地拒绝了有关方差同质性的虚无假设。

我们可以看到，即使存在检验异方差的统计方法，估计值的稳健性依然不容易建立。除非一个检验可以十分准确地设定有关异方差的具体形式，这些检验通常能够做到的仅仅是证实研究者对合并集中异方差性已有的怀疑。然而，这些检验仍然非常重要，因为当来自横截面的污染效应对估计过程要有害数倍时，我们往往过度担忧了自相关的影响。由于信息既来自时间又来自空间，很可能会存在一些随机过程，但是这些随机过程往往是异方差性而非同方差性的。这些检验对于 OLS 模型来说十分有用，但它们的效应在模型变得更加复杂时(尤其是出现随机特性时)便开始递减了。Engle(1982)提出过一种经修正的拉格朗日乘数检验(Lagrange multiplier test)，其被广泛应用于随机系数模型从而建立随机参数的稳健性(Newbold & Bos, 1985)。该检验的统计值是 $TR^2$,其中,$T$ 代表个案数量,而 $R^2$ 代表一个两步回归的拟合值(多元相关系数的平方)。[26]

同时值得考虑的是只要误差可以互相叠加或相乘,协方差矩阵的结构也许便可以通过一个相对简单的技术(比如说对数转换)实现转换。比如说,Box-Cox 转换被广泛用作转换非线性残差。它能纠正可乘性误差,因此使用起来较为简单。[27]

# 合并时间序列分析的总结[A]

正如塞涅卡(Seneca)所说:"当一个水手不知道要前往哪一个港湾的时候,没有一股风会是正确的风。"我觉得这个忠告特别适用于合并时间序列设计。鉴于一个合并集中有那么多可能出现的问题,读者就不会因为本书的大部分内容都集中在讨论合并估计量的理论框架以及用以发现污染源的检验而感到奇怪。一个合并集往往是时间序列问题与横截面分析问题的综合体。毋需赘言,我们的模型和理论都应该被尽可能地准确设定,并且在此基础上,残差应该能够提供大多数有关检测与纠正合并集中问题的信息。

合并时间序列分析的设计之所以大受欢迎,是因为绝大多数社会与行为科学家所感兴趣的研究问题都与时空变换有关。然而,如果没有事先对合并集中的汇聚过程的意涵进行深刻思考,合并设计反而会变成回答这些研究问题的障碍。一些合并集的研究者对估计时间序列更有经验,但他们却对横截面变化及其可能造成的问题不那么敏感。而对另一些研究者来说,他们可能更加习惯于横截面水平的估计,对自相关以及滑动平均过程究竟是怎么回事却所知甚少。

本书致力于阐明现存的可用于估计横截面与时间序列合并集中回归模型的方法。至于其他一些尚未涉及却对研究者十分重要的问题,它们大多超出了本书所希望关注的范围。对于社会科学与行为科学当中应用研究者所可能接触到的大部分问题,本书所谈及的回归模型都是足够的。但是,对于其他的一些问题,研究者却可能需要采用条件性异方差模型(conditional heteroscedasticity models)以及更复杂的随机系数(random coefficient models)或随机参数模型(stochastic parameter models)。的确,找到最优模型是最困难的环节,但这也可能是最简单的。因为对于大多数应用来说,合并集的异质性使得最小二乘法的估计量成为获得可信参数的最简便方法。

## 注释

[1] 正如Stimson(1985)所精确指出的,合并设计通常被认为是面板设计(panel design)。然而,在此我却想将合并设计与面板设计区分开来。我将面板设计看做是一系列处于不同时间点的横截面观测值,这些观测值在时间上不一定是连续的。因此,在这里的例子中,一个面板包含来自1960、1965、1970和1975年的观测值。我之所以不将这些面板看做是序列是因为从标准意义上来说,术语"序列"应被认为是在时间顺序当中一个固定间距内是连续的。

[2] 分析间断性的时间序列并且预测诸如Box-Jenkins这样的模型也许需要至少五十个时间点,具体情况还要取决于滞后结构是如何设定的。

[3] 如需有关这些问题较好的文献综述,感兴趣的读者请直接参考Ostrom(1978)有关时间序列技术的Sage专著、Lewis-Beck(1980)有关回归的专著以及Achen(1982)有关理解与使用回归的专著。

[4] 有关这一题目的第一篇论文是Howles(1950)的讨论文章。

[5] 协方差技术被定义为任意可以最小化数据当中协方差(横截面间未解释的方差与已解释的方差之间的关联)的技术。其中 $X_i$ 与 $Y_i$ 之间的关系在不同横截面间都相同,但大小或方向可能不同。

[6] 当样本量大小适中时,样本当中所估计的方差并不可靠。

[7] 我们可以一个横截面又一个横截面的对一阶或高阶自相关做检验。Stimson(1985)所提出的合并统计值仅仅是各个序列统计值的一个简单平均。我们必须对完整合并集是否存在异方差性做检验。具体操作可参考Judge等人(1985)有关异方差性替代检验的讨论(尤其是第11章)。当我们在本书的第5章讨论随机系数模型的时候,会给出更多有关这些检验步骤的例子。

[8] 研究者必须在每一个横截面上都进行一阶过程的检验。并且将Durbin $d$ 统计值定义为横截面内单独时间序列的合适检验统计值。然后,该统计值便可被用于纠正一个又一个横截面上的自相关问题了。

[9] Theil(1971)检验使用了序列残差的前半部分与后半部分的一个比率,其在零假设 $U_{it}$ 独立且等同分布(iid)的情况下服从一个均值为零、方差为常数 $\sigma^2$ 的 $F$ 分布。但如果OLS的残差被看做是真实误差的估计值,那么分子与分母便不再保持iid。在这样的情况下,使

用 Goldfeld-Quandt 检验(1965)更加合适。

[10] 我希望能够感谢詹姆斯・史汀森(James Stimson)让我使用这些从美国国家选举调查(American National Election Survey)复制得来的数据。

[11] 如果 $X$ 项包含不随时间发生变化的变量,那么它们便不能从虚拟变量的效应中区分出来并因此被虚拟变量的估计函数所忽略(Chamberlain, 1978; Hausman & Taylor, 1981; Judge et al., 1985)。

[12] 感兴趣的读者可以去阅读 Chamberlain(1978; 1983)、Chamberlain & Griliches(1975)以及 Hausman & Taylor(1981)的文章。他们讨论了在这些条件下有效的估计方法。

[13] 这些数据来自于 Azar(1980)文章中提到的由布莱恩・波林斯(Brian Pollins)搜集的冲突与和平数据库(Conflict and Peace Data Bank)。我特别感谢布莱恩・波林斯允许我在本书当中用它们。外交友好程度得分由友好活动占所有活动(冲突加上合作)的比重得到。

[14] 稳健性被定义为这样一种特性:一个估计量在不假设误差服从标准正态分布的前提下可以有效地最小化误差平方和。稳健性会受异质性、自相关和/或非线性危害。

[15]
$$\rho^2 g(1-\rho)^2 = \sigma_v^2$$
$$(1-\rho)^2 = \sigma_v^2/s_g^2$$
$$1-\rho = \sigma_v/\sigma_g$$
$$\rho = 1-(\sigma_v/\sigma_g)$$

[16] $\rho = 1-(\sigma_v/\sigma_g)$

[17] 外生性指的是效应随机独立于回归等式的误差项。而内生变量则同时由外生变量以及回归方程的误差项所决定。我们之所以介绍这些术语是因为它们适用于讨论动态设定以及联立方程组(比如 Zellner SUR 模型)。即使我们不将 SUR 模型看做是一个严格意义上的联立方程组模型,我们仍然需要在外生变量和内生变量作为应用这个模型必要条件的情况下对合并回归进行识别。

[18] 一个静止的过程指的是在一个随机过程中其均值、方差和协方差都是有限的,同时 $Y_t$ 与 $Y_{t+1}$ 之间的协方差并不依赖于任何单独的时间点 $t$。

[19] 一个越来越受关注的逼近函数(approximating function)是三次样条函数(cubic spline)。在这个函数中,"结"(汇聚点)是已知的,同时体制间的过渡是平滑的。

[20] 正交性(orthogonality)与奇异性(singularity)是数学矩阵中的术语。

正交性指的是当一个矩阵有两个向量 $X$ 和 $Y$，如果 $X'Y = Y'X = 0$ 且 $X'X \neq Y'Y \neq 0$，那么 $X$ 和 $Y$ 便被称作是正交的。而一个非奇异性矩阵指的是矩阵行列式存在且不为零，这样的矩阵是不可逆的(Johnston，1972：104)。

[21] 在现有的计量经济学文献当中，有许多很好的有关识别问题的解决方案。具体可见 Wonnacott & Wonnacott(1970)和 Judge et al.(1985：第 14 章)。

[22] Judge 等人(1985：614—616)讨论了几种有关过度识别(over-identification)的检验，其中包括似然比率检验。

[23] 这个边界事实上就是 Cramer-Rao 下限，它与一个无偏估计函数(诸如 MAXL 或是 FIML)的方差相等。FIML 与 MAXL 估计量是在所有被称作 MVUE 的估计量(即取方差最小值的无偏估计量)当中最有效的。请参考 White(1984)的论文获知全部推导过程。

[24] 有关这个模型的扩展包括了多项式 LOGIT 和 PROBIT，但它们也包括更加复杂的离散选择，比如说像是效用最大化函数那样的选择函数或是对预期值的预测(临界值)。

[25] 如果中间部分的观测值不被去掉，比率便不会在同方差的虚无假设之下服从 $F$ 分布(Theil，1971)。

[26] 同样，这来自于 Engle(1982)对 ARCH 模型的讨论。感兴趣的读者可以去阅读这篇文章从而了解这个统计值的进一步发展。

[27] Box-Cox 转换具体形式如下：

$Y_{nt} = X_{nt}b_k + e_{nt}$

其中，$Y_{nt} = (Y_{nt})^{\varphi-1}/\theta$

因此，$\ln(Y_{nt})^{\varphi-1} = \ln Y_{nt}$。

# 参考文献

ACHEN, C.H.(1982) Interpreting and Using Regression. Sage University Series Paper on Quantitative Applications in the Social Sciences, 07-029. Beverly Hills, CA: Sage.

ACHEN, C.H.(1986) "Necessary and sufficient conditions for unbiased aggregation of cross-sectional regressions." Paper presented at the Third Annual Methodology Conference, Harvard University, Cambridge, MA, August 7-10, 1986.

AMEMIYA, T. (1985) Advanced Econometrics. Cambridge, MA: Harvard University Press.

AZAR, E.E.(1980) The Codebook of the Conflict and Peace Data Bank. Chapel Hill: University of North Carolina at Chapel Hill.

BALESTRA, P. and M. NERLOVE(1966) "Pooling cross section and time series data in the estimation of a dynamic model: The demand for natural gas." Econometrica 34(3): 585-612.

BARTLETT, M.S.(1937) "Properties of sufficiency and statistical tests." Proceedings of the Royal Society(Series A) 160:268-282.

CHAMBERLAIN, G.(1978) "Omitted variable bias in panel data: Estimating the returns to schooling." Annales de L'Insee 30/31:49-82.

CHAMBERLAIN, G.(1983) "Multivariate regression models for panel data." Journal of Econometrics 18(1982):5-46.

CHAMBERLAIN, G. and Z.GRILICHES(1975) "Unobservables with a variance-components structure: Ability, schooling and the economic success of brothers." International Economic Review 16(2):422-450.

ENGLE, R.(1982) "Autoregressive conditional heteroscedasticity with estimates of UK inflations." Econometrica 50(4):987-1008.

GOLDFELD, S.M. and R.E.QUANDT(1965) "Some tests for homoscedasticity." Journal of the American Statistical Association 60(2): 539-547.

GOLDFELD, S. M. and R. E. QUANDT (1972) Nonlinear Methods in Econometrics. Amsterdam: North-Holland.

HAUSMAN, J.A. and W.E.TAYLOR(1981) "Panel data and unobservable individual effects." Econometrica 43(4):1377-1398.

HIBBS, D.A., Jr.(1976) "Industrial conflict in advanced industrial societies." American Political Science Review 70(4):1033-1058.

HOCH, I. (1962) "Estimation of production function parameters combining time-series and cross-section data." Econometrica 30(1): 34-53.

HOWLES, C. (1950) "Combining cross-section data and time series." Cowles Commission Discussion Paper, Statistics No.347.

HSIAO, C. (1975) "Some estimation methods for a random coefficient model." Econometrica 43(2):305-325.

HUBER, P.J.(1981) Robust Statistics. New York: John Wiley.

JOHNSTON, J.(1972) Econometric Methods. New York: McGraw-Hill.

JUDGE. G.G., W.E.GRIFFITHS, R.C.HILL, H.LUTKEPOHL, and T.C.LEE(1985) The Theory and Practice of Econometrics(2nd ed.). New York: John Wiley.

KMENTA, J.(1971) Elements of Econometrics. New York: Macmillan.

LEWIS-BECK, M. (1980) Applied Regression: An Introduction. Sage University Series Paper on Quantitative Applications in the Social Sciences, 07-022. Beverly Hills, CA: Sage.

MADDALA, G.S. (1971) "The use of variance components in pooling cross section and time series data." Econometrica 39(2):341-358.

MADDALA, G.S.(1977) Econometrics. New York: McGraw Hill.

MALVINAUD, E.(1970) Statistical Methods of Econometrics. Amsterdam: North-Holland.

MARKUS, G.B.(1986) "The impact of personal and national economic conditions on the presidential vota: A pooled cross-sectional analysis." Paper presented at the Third Annual Methodology Conference, Harvard University, Cambridge, MA, August 7-10, 1986.

MUNDLAK, Y.(1978) "On the pooling of time series and cross-section data." Econometrica 46(1):69-85.

NERLOVE, M.(1971) "Further evidence on the estimation of dynamic economic relations from a time series of cross sections." Econometrica 39(2):359-382.

NEWBOLD, P. and T.BOS(1985) Stochastic Parameter Regression Models. Sage University Series Paper on Quantitative Applications in the Social Sciences, 07-051. Beverly Hills, CA: Sage.

OSTROM, C. W., Jr. (1978) Time Series Analysis: Regression Techniques. Sage University Series Paper on Quantitative Applications in the Social Sciences, 07-009. Beverly Hills, CA: Sage.

STIMSON, J. A. (1985) "Regression in space and time: A statistical essay." American Journal of Political Science 29(4):914-947.

SWAMY, P. A. V. B. (1970) "Efficient inference in a random coefficient regression model." Econometrica 38(2):311-323.

SZROETER, J. (1978) "A class of parametric tests for heteroscedasticity in linear econometric models." Econometrica 46(4):1311-1328.

THEIL, H. (1971) Principles of Econometrics. New York: John Wiley.

WALLACE, T.D. and A. HUSSEIN (1969) "The use of error components models in combining cross section with time series data." Econometrica 37(1):55-72.

WARD, M.D. (1987) "Cargo cult science and eight fallacies of comparative political research." International Studies Notes 13(3):75-77.

WHITE, H. (1984) Asymptotic Theory for Econometricians. New York: Academic.

WONNACOTT, R. J. and T. H. WONNACOTT (1970) Econometrics. New York: John Wiley.

ZELLNER, A. (1962) "An efficient method of estimating seemingly unrelated regressions and tests of aggregation bias." Journal of the American Statistical Association 57(2):348-368.

ZUK, G. and W.R. THOMPSON (1982) "The post-coup military spending question: A pooled cross-sectional time series analysis." American Political Science Review 76(1):60-74.

## 译名对照表

| | |
|---|---|
| aggregating | 聚集 |
| American National Election Survey | 美国国家选举调查 |
| approximating function | 逼近函数 |
| autocorrelation function | 自相关函数 |
| autoregressive conditional heteroscedasticity model | 自相关条件性异方差模型 |
| between estimator | 估计量间 |
| between-unit variance | 单位之间的方差 |
| central limit theorem | 中心极限定律 |
| conditional heteroscedasticity model | 条件性异方差模型 |
| Conflict and Peace Data Bank | 冲突与和平数据库 |
| constant coefficients model | 恒定系数模型 |
| covariance model | 协方差模型 |
| cross-section | 横截面数据 |
| cubic spline | 三次样条函数 |
| error components model | 误差成分模型 |
| fitting pieces | 拟合部件 |
| full information maximum likelihood | 完全信息最大似然 |
| general ignorance | 一般性的无知 |
| instrument | 工具 |
| jackknifing | 刀切法 |
| lagged dependent variable | 滞后因变量 |
| Lagrange multiplier test | 拉格朗日乘数检验 |
| least squares dummy variable model | 最小二乘虚拟变量模型 |
| least squares dummy variable | 最小二乘虚拟变量 |
| likelihood | 似然 |
| nondecreasing | 升序 |
| nonstationarity | 不稳定性 |
| normal cumulative density function | 正态累积密度函数 |
| objective function | 目标方程 |
| order | 阶 |

| | |
|---|---|
| orthogonality | 正交性 |
| over-identification | 过度识别 |
| over-identified model | 过度识别的模型 |
| panel design | 面板设计 |
| partial autocorrelation function | 部分自相关函数 |
| pooled time series | 合并时间序列 |
| pooled weighted least squares coefficients | 合并加权最小二乘系数 |
| pseudo maximum likelihood technique | 虚拟最大似然技术 |
| random coefficient model | 随机系数模型 |
| rank | 秩 |
| reduced form | 简化形式 |
| regime | 体制 |
| repeated samples | 重复抽样样本 |
| restricted F test | 受限 F 检验 |
| robust | 稳健的 |
| seemingly unrelated regression | 看似不相关回归 |
| simultaneous-equation system | 联立方程组 |
| singularity | 奇异性 |
| specific ignorance | 具体的无知 |
| standard metropolitan statistical area | 标准大都市统计区 |
| stepwise techniques | 分段技术 |
| stochastic parameter models | 随机参数模型 |
| structural equation model | 结构方程模型 |
| switching model | 转换模型 |
| system of equations | 联立方程组 |
| the sum of squared residual variance | 剩余方差平方的总和 |
| theoretical thrust | 理论推力 |
| under-identified model | 识别不足的模型 |
| unit effect | 单位效应 |
| variance over time | 时期之内的方差 |
| weighted least squares type-estimation | 加权最小二乘类型的估计 |
| winsorizing | 修饰 |
| within estimator | 估计量内 |

**图书在版编目(CIP)数据**

合并时间序列分析/(美)洛伊斯·塞耶斯著;温方琪译.—上海:格致出版社:上海人民出版社,2016.12
(格致方法·定量研究系列)
ISBN 978-7-5432-1608-2

Ⅰ.①合… Ⅱ.①洛… ②温… Ⅲ.①时间序列分析 Ⅳ.①O211.61

中国版本图书馆 CIP 数据核字(2016)第 303346 号

责任编辑 张苗凤

格致方法·定量研究系列

**合并时间序列分析**

[美]洛伊斯·塞耶斯 著
温方琪 译 范新光 校

| | |
|---|---|
| **出 版** 世纪出版股份有限公司 格致出版社<br>世纪出版集团 上海人民出版社<br>(200001 上海福建中路 193 号 www.ewen.co) | **印 刷** 浙江临安曙光印务有限公司 |
| | **开 本** 920×1168 1/32 |
| | **印 张** 4.5 |
| | **字 数** 74,000 |
| 编辑部热线 021-63914988<br>市场部热线 021-63914081<br>www.hibooks.cn | **版 次** 2016 年 12 月第 1 版 |
| **发 行** 上海世纪出版股份有限公司发行中心 | **印 次** 2016 年 12 月第 1 次印刷 |

ISBN 978-7-5432-1608-2/C·163 定价:25.00 元

**Pooled Time Series Analysis**


上海市版权局著作权合同登记号:图字 09-2013-596

## 格致方法·定量研究系列

1. 社会统计的数学基础
2. 理解回归假设
3. 虚拟变量回归
4. 多元回归中的交互作用
5. 回归诊断简介
6. 现代稳健回归方法
7. 固定效应回归模型
8. 用面板数据做因果分析
9. 多层次模型
10. 分位数回归模型
11. 空间回归模型
12. 删截、选择性样本及截断数据的回归模型
13. 应用logistic回归分析（第二版）
14. logit与probit：次序模型和多类别模型
15. 定序因变量的logistic回归模型
16. 对数线性模型
17. 流动表分析
18. 关联模型
19. 中介作用分析
20. 因子分析：统计方法与应用问题
21. 非递归因果模型
22. 评估不平等
23. 分析复杂调查数据（第二版）
24. 分析重复调查数据
25. 世代分析（第二版）
26. 纵贯研究（第二版）
27. 多元时间序列模型
28. 潜变量增长曲线模型
29. 缺失数据
30. 社会网络分析（第二版）
31. 广义线性模型导论
32. 基于行动者的模型
33. 基于布尔代数的比较法导论
34. 微分方程：一种建模方法
35. 模糊集合理论在社会科学中的应用
36. 图解代数：用系统方法进行数学建模
37. 项目功能差异（第二版）
38. Logistic回归入门
39. 解释概率模型：Logit、Probit以及其他广义线性模型
40. 抽样调查方法简介
41. 计算机辅助访问
42. 协方差结构模型：LISREL导论
43. 非参数回归：平滑散点图
44. 广义线性模型：一种统一的方法
45. Logistic回归中的交互效应
46. 应用回归导论
47. 档案数据处理：研究“人生”
48. 创新扩散模型
49. 数据分析概论
50. 最大似然估计法：逻辑与实践
51. 指数随机图模型导论
52. 对数线性模型的关联图和多重图
53. 非递归模型：内生性、互反关系与反馈环路
54. 潜类别尺度分析
55. 合并时间序列分析